U0040155

世界第一簡單
電磁學

遠藤雅守◎著
大同大學機械系教授　葉隆吉◎審訂
真西万里◎畫
TREND・PRO◎製作　謝仲其◎譯

漫畫→圖解→說明

前言

　　大學基礎科目教師中最惹學生討厭的，恐怕就屬教電磁學的老師了。這門科目對理工科所有學科、學系來說自然屬於必修，有時連文科學生也要作為通識課程選修，但是其難解程度是其他基礎科目難以企及的。若詢問學生們為何電磁學如此難學，得到的答案多是「要背的定律太多了」。

　　確實，電磁學當中有一大堆被稱作「某某定律」的定理。但是你可知道，這些定律都可以根據電磁學的基本公理「庫侖定律」推導出來嗎？

　　電磁學有過一段戲劇性的歷史沿革，它的發展脈絡始自十八世紀末期。當時許多物理學家各自發現了各式各樣的定理，對這些不斷發現出來的諸多定理，人們一開始以為它們彼此獨立，後來卻觀察出它們的關聯性，最終由馬克士威（James Clerk Maxwell）全部統一起來，結合為「馬克士威方程式」。而根據馬克士威方程式，當時尚不知本質為何的光也被闡明是「電磁波」的一種，甚至愛因斯坦也是經過對電磁學的深度探討才發現了「狹義相對論」。聽到這裡，有沒有激起各位對電磁學的一點興趣呢？

　　但是，要真正了解電磁學，就不能缺少「向量」構成的「向量場」以及其微分的概念，想必這就是令諸位大學生望而生怯的要因。雖然我在教課時會盡可能畫出圖形，說明得讓同學容易建立起對向量場的印象，但是每年學生還是會批評「內容太難了」。

　　統計力學的始祖波茲曼（Ludwig Boltzmann）曾讚賞馬克士威方程式為「上帝創造的藝術品」。這件由上帝創造的美麗藝術品，難道不能脫離邏輯與算式而讓人愛上它嗎？這個問題一直在我腦海裡縈繞不去，已經成為我長年來的「課題」了。就在此時，我受邀為「世界第一簡單」系列撰書。漫畫是非常優異的表現手法，無論花多大功夫都難以用

文字說清楚的情境，漫畫可以只用一格就表現出來。利用漫畫的表現，或許有辦法將我在上課時怎樣也傳達不出來的、對電磁學的「思維」，傳達給大家。而且這次又有專業人士負責故事創作與繪圖，必定能彌補我能力不足之處，創造出更上一層的作品。本書就是在這樣的緣起之下誕生的。

　　本書不是電磁學的教科書，而是一本匯聚了各種嘗試，盡可能不仰賴算式地將教科書無法傳達的電磁場理論中有趣及美感處傳達出來。若大家能將本書作為推動你正式學習大學程度電磁學的動機，筆者的意圖就算達到了。

　　在本書付梓之時，我首先要對作畫的眞西万里老師致上最大的敬意與謝意，您完成了遠超過我期待的作品。還要感謝提供精彩劇本的 Trend‧Pro 公司的各位，你們讓我重新見識了漫畫具備的優異表現力。最後還要由衷感謝 Ohm 社開發部門的各位，給予我撰寫本書的機會，這是我第一次有這樣歡樂地撰寫書籍的經驗。

2011 年 8 月

遠藤　雅守

CONTENTS

目 錄

第 1 章

什麼是電磁學

我叫安藤連，

是位於「哈兒」中心地帶的哈兒乃大學一年級學生。

「哈兒」是座設立在山巒稻田之間的科學研究學園都市。

這兒似乎有各種最尖端的科學研究在進行著，

但是對我來說只是個連娛樂都沒有的鄉村而已。

要說有什麼怪事，就是深夜兩點時，鐘塔會變形成巨大機器人，

轟———！！

根本沒變嘛！

他在幹麼…

不知道

這麼一件都市傳說而已。

另一件讓我擔心的事情是…

你再這樣下去可要被留級囉。

我討厭電磁學～！

討厭──

厭──

他在幹麼…

演青春劇？

「電磁學」害我快要唸不下去了。

這裡是哪裡？

糟糕，我完全迷路了。

咦，那是什麼…？

咻

哎！

哇！

對這件事我會守口如瓶，

相對的，妳能不能教我電磁學？

啊～真麻煩～

那我要到處去跟大家宣揚了。

感謝妳的照顧

等一下等一下，

…沒辦法，我教你就是了。

我叫九龍席兒，

電磁學就交給我吧。

低聲

最壞的情況就是把你變成實驗材料…

妳剛說什麼？

沒事沒事～

就這樣，我開始向這位名叫「九龍席兒」的研究員學習電磁學了…

這世間充滿著電磁學式的謎題呀～

為什麼天空是藍色的呢？

啊，為什麼夕陽是紅色的呢？

嗚哇…

呃，能不能不要再陶醉下去了，趕快教我電磁學吧。

你真是不浪漫！回憶一下你的童年吧！

那段與磁鐵親密相處的日子！

磁鐵超棒的啦！

嚓嚓嚓

真是神奇！！

嚓嚓　　嚓嚓

沙坑

啊，那不就是在收集砂鐵嗎？

總之我想說的是，

世上各種有趣、精彩的自然現象，

幾乎都是因為「電力」與「磁力」兩種力量才產生的。

庫侖

歐姆

法拉第

安培

這就是電磁學…

磁鐵、閃電、光線、靜電……

電的學問與磁的學問在兩百年前的歐洲被合而為一。

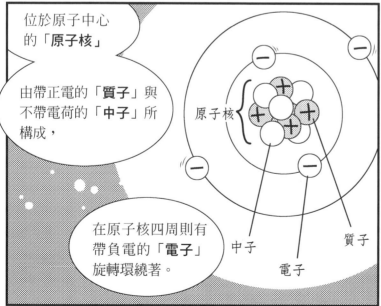

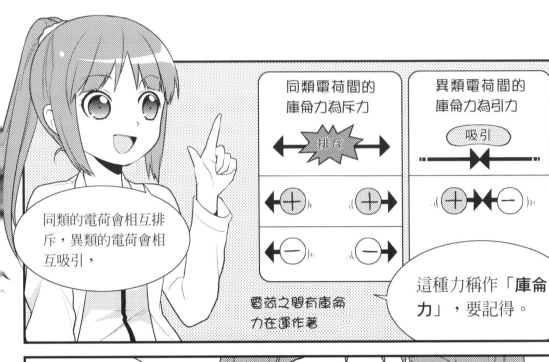

同類電荷間的
庫侖力為斥力

異類電荷間的
庫侖力為引力

排斥

吸引

同類的電荷會相互排斥，異類的電荷會相互吸引，

這種力稱作「庫侖力」，要記得。

電荷之間有庫侖力在運作著

庫侖力

與電荷的量成正比、與距離的平方成反比。

也就是說…

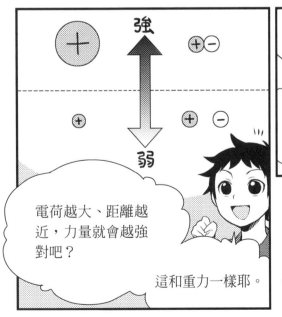

強

弱

電荷越大、距離越近，力量就會越強對吧？

這和重力一樣耶。

電磁學用一句話來說就是

「探討因電荷動態造成的現象的學問」吧。

那結果，電荷到底是什麼？

驚

follow up

　　「光的本質是什麼？」這個問題曾經苦惱著許多物理學家。人們已經透過觀測知道光線是以無比高速前進的「某樣東西」，但卻不知道這東西的本質究竟是什麼。牛頓等人的學派認為「光是一種粒子」，與認為「光是一種波動」的惠更斯等人的學派相互對立，但是雙方的主張都各有缺點。波動說學派的最大弱點在於，光在真空中也能傳遞的事實。既然波就是某種物質（稱為波動媒質）的振動，照說在什麼都沒有的真空中應當無法傳遞波動才是。但是，太陽光卻是經過真空的宇宙而傳到地球上的。

　　馬克士威將自己發現的方程式變形後，發現存在著一種解，會讓電場 E 與磁場 B 變成波傳遞出去。他將之取名為「電磁波」。靜電力與磁力的傳遞在真空中也不會受到遮蔽，因此如果光是電磁波就不會發生矛盾了。利用馬克士威方程式計算電磁波的傳遞速度後發現，其與當時所知的光速正好一致。因此人們才知道，光就是電磁波的一種。

　　光的波長可以透過干涉波動來測量。測量結果發現光是波長為 400 到 700 nm（1 nm 是 1m 的十億分之一）的電磁波，其波長的差異對人類而言就是能辨識出「顏色」的不同。同一時期的研究也發現到，高溫物體會因為原子的振動而輻射出可見光領域的電磁波。當然，如果沒有「光是電磁波」這種知識，那就不可能獲得這樣的發現。人們也由此得知，太陽是一顆溫度非常高（約 6000 °C）的球體，並且持續釋放出被稱為「光線」的、屬於可見光領域的電磁波。

　　好，從這裡開始進入正題。馬克士威發現電磁波之後不久，英國的瑞利男爵（John William Strutt, 3rd Baron Rayleigh）讓光線通過如大氣分子這樣的小粒子之間時，發現光線會稍微散射、往斜方向擴散出去。這種現象就稱為「瑞利散射」。根據瑞利散射理論，散射的強度與電磁波波長的四次方成反比。紅光的波長大約是藍光的 2 倍，也就表示其散射強度會比藍光弱 16 倍。因此當光線從太陽射向地球時，藍色的成分會因為大氣層而往四面八方擴散出去。我們所看見的天空顏色，就是這種瑞利散射所造成的[註]。

審訂註：非傍晚時刻，晴朗無雲的大氣中，陽光透過大氣時，藍光散射效應較強，因此天空為藍色。清晨或黃昏時的陽光路徑較長，藍光已在途中散射掉了，因此剩下波長較長的紅色光。

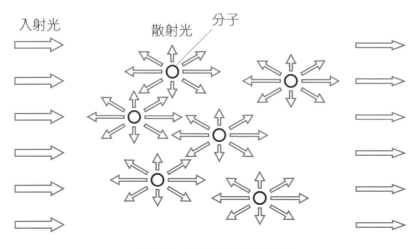

入射光　　　　散射光　　分子

➕ 圖 1.1　瑞利散射的示意圖

　　清晨或夕陽之所以是紅色，則是光線中未發生[註]瑞利散射的剩餘成分（也就是紅光）筆直射進地球，打中視線前方的雲層或大氣微粒子，而被我們所看到的緣故。除了這些以外，因為馬克士威的發現，各種與光線有關的現象都如雪崩般相繼被解開。因此，馬克士威發現電磁波，被稱作是物理學歷史上最重要的事件之一。

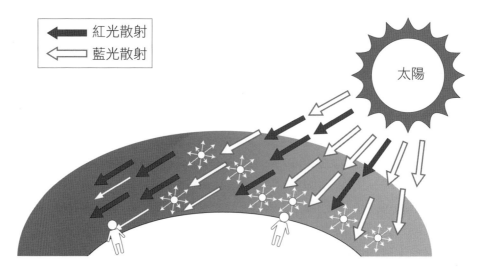

紅光散射
藍光散射
太陽

➕ 圖 1.2　瑞利散射與藍色天空、紅色夕陽的原理

審訂註：實際上是散射量較少的紅光。

另一方面，將電磁波視爲單純的波動，還是存在著某些當時已知的物理學無法說明的奇妙性質。爲了說明這些性質，就誕生了二十世紀兩種代表性的物理學：「相對論」與「量子論」。比方說金屬被光線打到時會射出電子的「光電效應」現象，它可以看作是具有能量的粒子將金屬中的電子打出來，但是這卻不能用「將光視爲單純波動」的想法來解釋它。愛因斯坦將頻率爲 ν 的電磁波假設爲具有能量 $h\nu$（h 是稱爲「普朗克常數」的物理常數）的粒子，完美地解釋了這個現象。這套假設稱爲「光量子假說」，顯示出光的本質是既非粒子也非波動的「量子」。就在 1921 年，愛因斯坦因爲這項成就而獲得了諾貝爾物理獎※。

※令人意外的是，愛因斯坦究其一生只獲得一次諾貝爾獎，就是因爲發現了這套「光量子假説」。

step up

拉塞福的原子模型

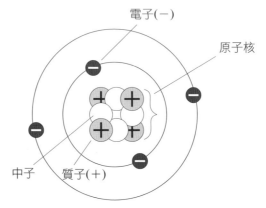

質子與中子的質量近乎一樣。電子的質量則約為質子的 1800 分之一

⬦ 圖 1.3　拉塞福的原子模型

　　圖 1.3 稱為「拉塞福的原子模型」。在人類漫長的歷史中，得知原子中存在著這些東西不過是一百年前左右（1911）的事。早先人們就已經知道原子是由正電荷與負電荷組合而成，但是，原來原子內部是「稀稀疏疏」的，位於中心的原子核與環繞四周的電子之間，其實充斥著空無一物的空間，這些則是透過拉塞福的實驗才首次得知。

　　拉塞福為了探查原子內部，用「阿爾法射線」這種粒子去撞擊黃金的薄膜，卻得到了出乎他意料的結果。大部分的阿爾法射線都能夠輕易地穿過薄膜，但是有極稀少的阿爾法射線卻往完全相反的方向彈回來。拉塞福用「像是拿砲彈打衛生紙，砲彈卻朝著自己彈回來」來形容他的驚訝。如果原子不是全部的質量都近乎集中在一個點上，就無法解釋這個實驗結果。要是將電子的軌道比擬成棒球場的大小，原子核就只有彈珠這樣的大小而已。

事實上，拉塞福的模型嚴格說來也並不正確。後來的研究發現，電子正確來說也不是粒子，而是像雲一般無法捉摸的「量子」。而這就成爲「量子力學」這門領域的出發點。但是在我們學習範圍內的電磁學當中，將電子視爲粒子也並不算錯。

　　在日常現象當中，原子不會被打碎，頂多是有一兩個電子從原子跑出去，或者多的電子被吸過來而已。因此我們只要把這些現象想成「自由運動、輕巧的負電荷」與「不動的、沉重的正電荷」，不用太考量原子的結構也可以進行電磁學的探討。用這種模型來描述的金屬可表示成圖 1.4 這樣。

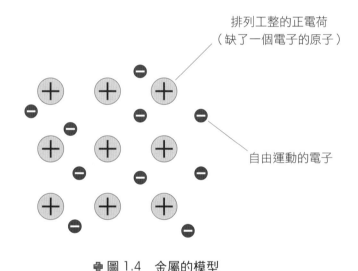

＋ 圖 1.4　金屬的模型

各種物理學都是以我們所居住的這個宇宙作為研究對象。當然也不能忘記，地球與我們自己也是宇宙的一部分。不過，這個宇宙是個極為複雜的系統，當中有因為各種原因而產生的各種現象，沒有定律能夠用一句話就將這所有的現象解釋完畢。

　　但是，當我們注視著某種現象時，會明確感受到其中帶有著美妙的秩序。因此人類才將觀測到的現象根據特徵做出分類，將在一定範圍內通用的基本定律合併細分稱作「某某學」的學術領域。我們接下來要學習的「電磁學」，正確來說是「古典電磁學」※，就是其中的一環。

　　正如第 1 章所見，我們周遭有許多現象都與電磁學有關。但是在大多數情況下，光用電磁學是無法說明這些現象的，還需要借助其他學術領域的研究才行。比方說，極光是「電漿」，這種原子核及電子處於分離狀態的稀薄氣體，但是這電漿為何會發光呢？為何會以極光的形態飄動呢？要說明這些，就需要借助「原子物理」及「流體力學」才行。

　　在應用領域也是如此。要了解電子電路當中使用的電晶體與二極體的原理需要「固態物理」，若要更深入了解還需要「量子力學」。反過來，如果將電路元件的動作加以符號化，不用考慮這些原理就可以愉快地建構出複雜的電路。滿足這樣需求的學問就是「電路學」。

　　如上所述，將現象分解成個別要素，分別以各種專門領域來作解釋，這種研究方式一直到二十世紀都為科技帶來了莫大的成功。電磁學正是當中的代表，也可以說是最為成功的領域。不過，最近學術開始將「複雜系統」作為研究對象，這種系統光是將事物分解成單純的元素是無法理解的。比方說「生命」就是典型的複雜系統，我們知道用傳統手法是無法將之分割成單純元素的。但這也不表示傳統的物理學手法就沒有意義，環繞在我們四周的各種電子儀器與機械，都是這種學問的成果。反過來說，人類一直無法模擬出生命及智慧，可以說就是這種傳統學問方法的限制所在。

※　那，什麼是「現代」電磁學呢？就是將量子論、相對論整合進電磁學的學問裡。比方說量子電磁學，就是將電磁力視為粒子的相互作用。

第 2 章

庫侖定律與電場・電位

哇～

好漂亮喔～

摩擦
摩擦

吸

只要這樣摩擦，琥珀就會產生靜電。

希臘文中的琥珀稱作「elektron」，它就是電的語源。

哇…

好厲害唷…

飄盪

飄盪

看你那麼喜歡，送你好了。

真的嗎？

沒關係唷。

微笑

就當是臨別的紀念吧。

20

呵呵呵。

欸，你知道為什麼摩擦琥珀就能把灰塵吸起來嗎？

靜電

電磁知識集

因為靜電吧？

那靜電為什麼能吸引東西呢？

摩擦
摩擦

嗯…啊！

電荷的關係吧？符號相異的電荷彼此相吸。

答對了！

獎勵你一下！

！

獎勵？

頭髮之間會因為相同種類電荷互斥的關係向外膨開來。

那，電荷之間的作用力關係是什麼？

這是電磁學最最基本的定律。

刺 刺

呃、這個…

時間到！

摩擦

摩擦

我要處罰你！

豎立

這不都一樣嗎…？

2.1 庫侖定律

那我就先從最起頭的部分開始講起。

摩擦會產生電荷、電荷有兩個種類，人們在紀元以前就已經知道了。

總之妳先從電磁學最最基本的定律開始教我啦！

刺

刺

後來經過了很長一段時間，差不多是美國獨立的時代，

庫侖的彈簧秤裝置

・電荷與電荷間的作用力　與雙方電荷量的乘積成正比。
・電荷與電荷間的作用力　與雙方電荷間的距離平方成　　　反比。

物理學家
夏爾・奧古斯丁・庫侖使用彈簧秤裝置，發現電荷間的作用力有兩條定則。

？

寫

看式子會比較好懂吧。

庫侖定律

$$F = k \frac{q_1 q_2}{r^2}$$

F 為力　單位是[N]

q_1 與 q_2 是「點電荷」　單位為[C]

r 是 q_1 與 q_2 之間的距離　單位為[m]

$K = \dfrac{1}{4\pi\varepsilon_0} = 9.0 \times 10^9$ [Nm^2/C^2] ε_0 是真空電容率

※電荷大小的單位「庫侖」請參照 4.1 節
　真空電容率請參照 3.2 節。

這就是電磁學最最基本的「庫侖定律」！

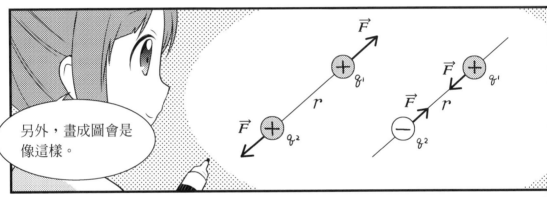

另外，畫成圖會是像這樣。

呃，

電荷越大力量越強、

距離越遠，力就會隨距離平方越弱，對吧？

另外無論是 q_1 受到 q_2 的力或是 q_2 受到 q_1 的力，都是大小相等方向相反，

這是你在力學學過的作用力‧反作用力定律。

咦？這我好像在哪裡看過…

對啦！
萬有引力定律嘛！

記性不錯嘛。

$$F=G\frac{Mm}{r^2}$$

據說庫侖對於符號相反的電荷間有吸引力…

…就是受到萬有引力定律的啓發，才對庫侖定律進行實驗驗證的。

雖然從觀測事實來看，得知「應該就是這樣沒錯」，

但是至今我們也不能確知庫侖定律是否完全正確。

$$F=G\frac{Mm}{r^2}$$

就是因為這種問題我才搞不懂電磁學…

不過，只要認定電荷力遵從庫侖定律，

我們就能夠探討電荷會發生的現象了，不是嗎？我來介紹幾種「思考的工具」！

2.2 向量場與純量場

為了理解難以捉摸的庫侖力，人類發明了許多概念。

溜溜

溜溜

不絕

像電場、電位、電力線、

還有向量場與純量場的概念…

等一下！一個個解釋啦！

純量
向量

首先，物理量有分為「純量」與「向量」兩種，這你知道吧？

這我倒還知道。

純量就是

只有大小的量。

純量

喀喳

像重量和時間就是純量吧。

向量則是

除了大小之外還具有方向的量。

終點

起點

速度向量

向量

比方說汽車的速度大小與移動方向結合起來，就是一種向量。

箭頭代表車子移動的方向、長度代表速度的大小，

這就是速度向量吧。

接下來，我們要用「場」來表示純量與向量。

「場」常常在物理中聽到，但是實在不太能抓到它的形象啊…

「場」可是一點也不困難唷。

你一定曾經孤身一人寂寞地玩過游泳池的滑水道吧？

有啦…

可是，什麼「孤身一人寂寞地」太多餘了

那個就可以看作一個向量場唷。

水道裡不就是**各個位置都具有向量**嗎？

意思是說**每個位置上都具有自己的水流速度與方向**嗎？

既然有向量場，當然也有純量場。

每個位置都有自己的純量，這樣的區域就稱為「**純量場**」。

攤開

你看過地圖的等高線吧？那是將純量（標高）相同的地點連結起來的線條。

原來等高線就是標出純量場、讓眼睛看得見的標誌呀…

來，接下來

我要讓你親身體會「**電場**」與「**電位**」！

$$\vec{F} = q\vec{E}$$

電場 $\vec{E}$ 就是讓電荷感受到力的向量場，

定義是這樣。

$\vec{F}$　電荷 q 感受到的力[N]

q　電荷量[C]

$\vec{E}$　電場　[N/C]或是[V/m]

以剛才的例子來說，q 就是鋼珠吧。

q 庫倫的電荷自電場 $\vec{E}$ 所受到的力就是這樣定義。

這裡的電荷 q 並不是製造出電場的電荷，要注意唷。

那麼我們就來實際畫出大小為 q_0 庫倫的正電荷所製造的電場吧。

嗯嗯？

剛才我就代表 q_0 庫倫的電荷，所以…嗯…

我們在 q_0 四周劃上間距相等的格子。

首先，為了用箭頭表示「場」，我們先來決定要畫箭頭的位置。

啾～

接下來計算各格子點上的電場大小。

這時我們放入一個大小為 q 的電荷，來計算這個電荷受到的力。

請問大小會是如何？

庫侖定律對吧？

簡單簡單，$F = k\dfrac{q_0 q}{r^2}$ 這樣。

不錯唷。那電場呢？

嗯…

對啦，$E = k\dfrac{q_0}{r^2}$ 嘛！

將 $F = k\dfrac{q_0 q}{r^2}$ 與電場的定義 $\vec{F} = q\vec{E}$ 比對一下。

就是呀。這就是電荷 q_0 在距離 r 的位置上所製造的電場。

由於是排斥力，方向自然是自電荷往筆直的相反方向走。

我們來畫上箭頭吧。

如果將所有格子點都這樣計算過，就完成了 q_0 四周的電場。

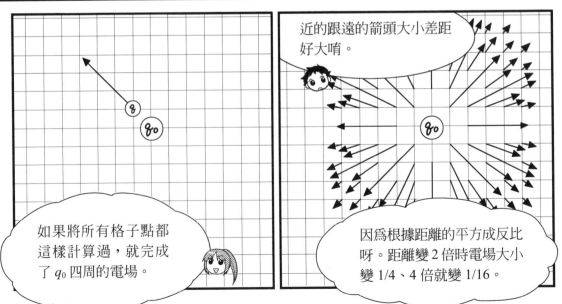

近的跟遠的箭頭大小差距好大唷。

因為根據距離的平方成反比呀。距離變 2 倍時電場大小變 1/4、4 倍就變 1/16。

電荷之間恆常遵守庫侖定律。

現在說明的「電場」與接下來要說明的「電位」都是在思考庫侖定律時使之變得容易些的手段。

2.4　電位

接下來我們要來探討 q_0 周遭的電位。

若將電場大小想成是形成梯度的坡道就很好懂了。

也就是說，越接近 q_0 坡道就越陡嗎？

是呀。

講到梯度，它跟函數的「微分」概念相同對吧？

微分的相反是？

「積分」！

答對了！所以對電場積分，就能得到這個電場所製造的電位。

你知道 r^{-2} 的積分嗎？

別小看我！

一階積分要讓次數提高一次，所以是

$-r^{-1}$ 對吧？

答對了。由於要再加上一個負號，因此電場與電位的關係就變成

$$V = k \frac{q_0}{r}$$ 唷。

等電位線

畫成圖形就是像這樣。

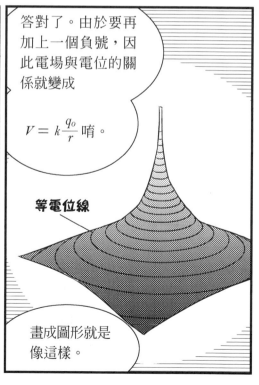

電場就是表示電荷感受到的力的向量場。

如果將負電荷製造的向下凹陷視為吸引力，也就是電場，那麼它凹陷得多深就相當於「電位」了。

若是正電荷就要反過來，要看它鼓起得有多高。

照這樣來看，電荷就是從電位高的地方往低的地方移動，還滿好懂的耶。

所以電位也會被人看做是「電的位能」。

另外，「電壓」的意義和電位是一樣的。

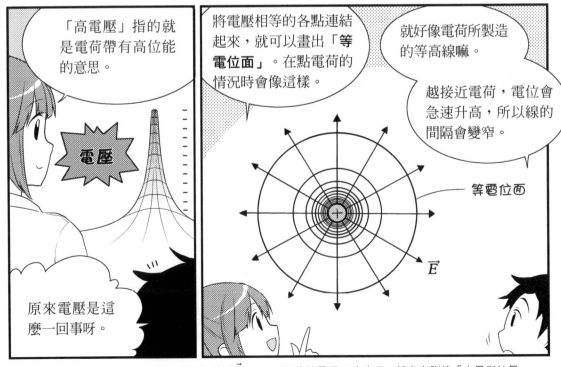

「高電壓」指的就是電荷帶有高位能的意思。

電壓

原來電壓是這麼一回事呀。

將電壓相等的各點連結起來，就可以畫出「等電位面」。在點電荷的情況時會像這樣。

就好像電荷所製造的等高線嘛。

越接近電荷，電位會急速升高，所以線的間隔會變窄。

等電位面

$\vec{E}$

※電位是以 $\vec{E}=-\mathrm{grad}V$ 的純量場 V 來表示。請參考附錄「向量與純量」。

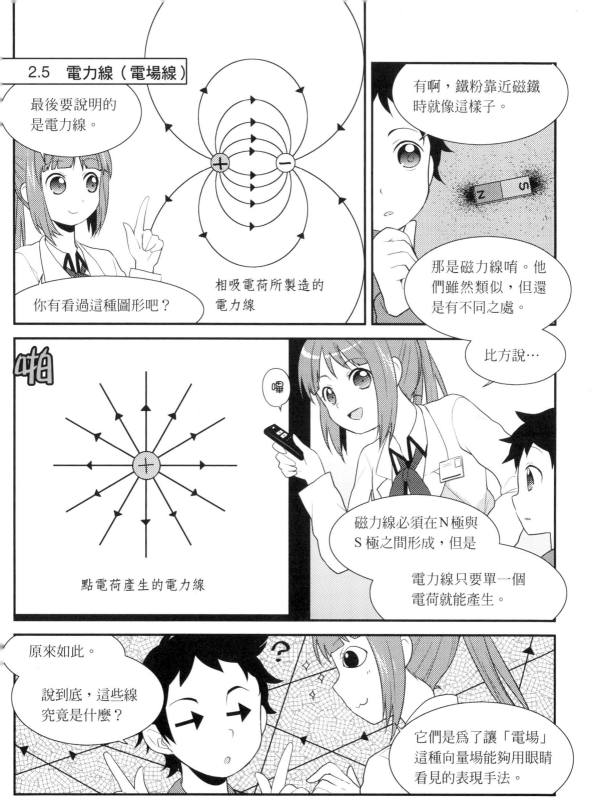

2.5 電力線（電場線）

最後要說明的是電力線。

你有看過這種圖形吧？

相吸電荷所製造的電力線

有啊，鐵粉靠近磁鐵時就像這樣子。

那是磁力線唷。他們雖然類似，但還是有不同之處。

比方說…

啪

嗶

點電荷產生的電力線

磁力線必須在N極與S極之間形成，但是

電力線只要單一個電荷就能產生。

原來如此。

說到底，這些線究竟是什麼？

它們是為了讓「電場」這種向量場能夠用眼睛看見的表現手法。

描繪電力線的規則

規則 1	電力線會起始自正電荷，結束於負電荷。但多出來的電力線則會消失在無限遠之外。
規則 2	從電荷發出來的電力線數目會與電荷量成正比。
規則 3	電力線不會分岔也不會彼此交集。
規則 4	電力線會盡可能縮短、盡可能遠離相鄰的線。

要描繪電力線，有四條規則。

只要根據這些規則從電荷拉出電力線，自動會變成沿著電場方向走的線。

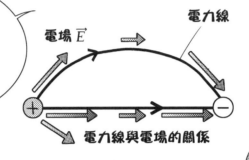

電場 $\vec{E}$　　電力線

電力線與電場的關係

用向量場的圖不好嗎？

用電力線看起來比較簡潔吧？

我們先來用電力線表示正電荷四周的電場吧。

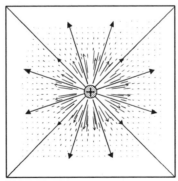

點電荷在自身四周形成的電場

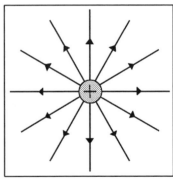

點電荷產生的電力線

這次我們設電荷大小 q_0 時電力線有 12 條，

根據規則 1 和 4，電力線就會是從電荷出發而消失在無限遠的等間隔直線。

看起來確實好懂多了。

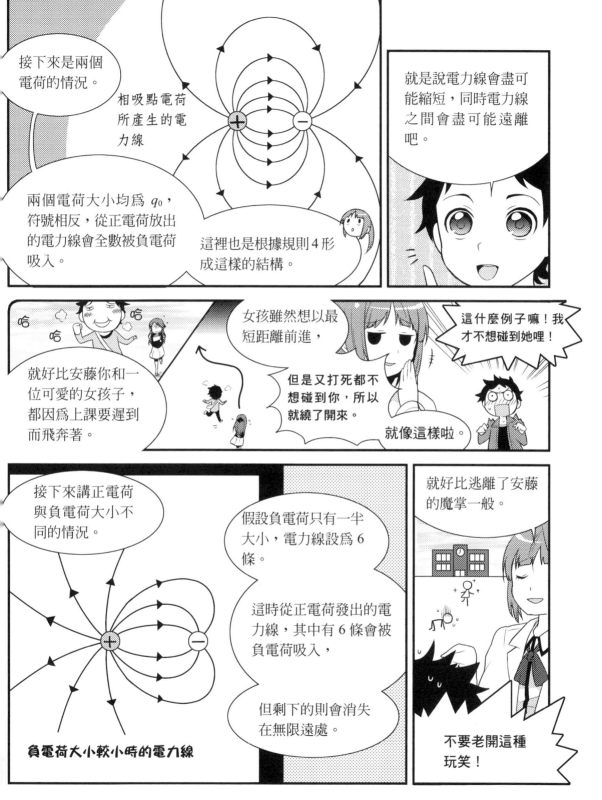

接下來是兩個電荷的情況。

相吸點電荷所產生的電力線

兩個電荷大小均為 q_0，符號相反，從正電荷放出的電力線會全數被負電荷吸入。

這裡也是根據規則4形成這樣的結構。

就是說電力線會盡可能縮短，同時電力線之間會盡可能遠離吧。

就好比安藤你和一位可愛的女孩子，都因為上課要遲到而飛奔著。

女孩雖然想以最短距離前進，

但是又打死都不想碰到你，所以就繞了開來。

就像這樣啦。

這什麼例子嘛！我才不想碰到她哩！

接下來講正電荷與負電荷大小不同的情況。

假設負電荷只有一半大小，電力線設為6條。

這時從正電荷發出的電力線，其中有6條會被負電荷吸入，

但剩下的則會消失在無限遠處。

負電荷大小較小時的電力線

就好比逃離了安藤的魔掌一般。

不要老開這種玩笑！

第 2 章 ● 庫侖定律與電場・電位　37

喔，該不會要做那個危險的實驗吧？

讓我也參一腳嘛！

說做實驗，其實是做這個。

笑臉

盈盈

那～今天就講到這裡，

我還有事要先走了。

是打柏青哥啊！

哎呀！怎麼不讓我做點帥氣的實驗嘛！

你還早哩！

給我玩玩墊板就好！

啊～我上進心才被激發出來，不要這樣笑我啦～

豎立

改天見～

閃

不會…

吧…

38

follow up

 關於電磁學的單位系統，以及 1 庫侖的大小

　　電磁學在歷史上曾擁有過各式各樣的單位。其實這也難怪，就連「長度」、「重量」都存在著好幾種不同的單位。就現在一般最常使用的公制單位來說，長度、重量的單位分別是以地球的大小、水的重量作為依據根源。那麼電磁學的基本單位：「單位電荷量」，要如何決定才最為公正呢？我們可以想到最直覺的設定方式，就是相距單位距離時，相互影響力達到單位強度時的電荷設為單位電荷。事實上，的確有用這種方式制定的單位系統，但是現在已經廢除了。現在最廣為人所使用的是「MKSA 單位系統」。MKS 分別代表「長度」、「重量」、「時間」的單位：「m」、「kg」、「s」，而最後的 A 則代表電流的單位「安培」（參照第 4 章）。為何會變成這樣的單位呢？其緣由可以另外寫一本書了。

　　總而言之，1 庫侖的定義是「1 安培電流流動 1 秒鐘時所通過的電荷量」。那麼 1 庫侖究竟有多大呢？首先根據庫侖定律

$$F = k\frac{q_1 q_2}{r^2} \qquad \left(k = \frac{1}{4\pi\varepsilon_0} = 9.0 \times 10^9 \,[\mathrm{Nm^2/C^2}] \right)$$

設電荷為 1 C、距離為 1 m 代進式子，則得到電荷間相互影響的力竟然有 9.0×10^9 N 這麼大。打比喻來說，它就相當於推動 90 萬噸的世界最大級油船所需要的力量。但是我們在日常生活中不會碰到這麼強的庫侖力，這是因為正電荷與負電荷往往處於相互混合的狀態，要將多數電荷遷離到遠處是非常困難的事（想想其結果，這也難怪）。另一方面，所謂 1 安培的電流，卻只不過是流過100 W 電燈泡的普通電流而已。這樣的對比實在非常有意思。

※木幡重雄著《電磁學的單位如何形成的—「電磁學」的發展與「單位」的變遷》工學社（2003）。

最小的電荷就是一顆電子。它的電荷大小是 1.6×10^{-19}C。感覺非常微小。但是 1 cm³（方糖大小）的銅塊，就含有大約 8.5×10^{22} 個自由電子，因此以庫侖來表示就有一萬四千C。

根據電荷的分布，準確求出電場

在漫畫中有說明，依據規則自電荷拉出電力線，就可以知道電場的形態。不過這個「規則」屬於抽象性質，用這種方法不易準確得知電場的大小與方向。那麼當碰到電荷時，該如何準確計算電場呢？對於電荷分布屬於球形對稱、無限長直線等等特別的狀況，只要使用第 3 章會說明到的「高斯定律」就可以簡單得知。但是對於任意分布的電荷，要計算其產生的電場就需要解微分方程式了。將第 3 章會學到的高斯定律微分形式

$$\mathrm{div}\vec{D} = \rho \qquad \left(\vec{D} = \varepsilon_0 \vec{E}\right)$$

與「電場 $\vec{E}$ 的梯度（grad）為電位 V」這條關係（→參照p.250 附錄「向量與純量」）

$$\vec{E} = -\mathrm{grad}V$$

組合起來，就得到稱為「帕松方程式」的下列方程式。

$$\left.\begin{array}{c} \mathrm{div}\vec{E} = \dfrac{\rho}{\varepsilon_0} \\[2mm] \vec{E} = -\mathrm{grad}V \end{array}\right\} \quad \rightarrow \quad \mathrm{div}\left(\mathrm{grad}V\right) = -\dfrac{\rho}{\varepsilon_0}$$

將具體的微分符號寫進去，型態就變成

$$\frac{\partial^2 V}{\partial x^2} + \frac{\partial^2 V}{\partial y^2} + \frac{\partial^2 V}{\partial z^2} = -\frac{\rho}{\varepsilon_0}$$

如果在大學時沒學過向量分析，是沒辦法理解這個部分的，如果看不懂，只要大概抓到那個感覺就好。上面方程式左右兩邊的意義分別是：

左邊：某個位置的電位 V（＝純量場）在各方向成分上的二階偏微分的總和

右邊：在這位置上的電荷除以體積（即為電荷密度 ρ），再除以真空電容率 ε_0、加上負號

希望各位注意到，無論是式子左邊或右邊，都是只要座標（x，y，z）確定了，這個位置的數值就會固定下來。對右邊來說，電荷位置在哪裡已經預先知道了，因此各位置的值是已知的。另一方面，左邊的 V 會是什麼數值則尚不可知，但是可以知道將 V 對 x、y、z 作二階微分後合計起來的數值會等於右邊。式子左邊的符號 ∂ 是「偏微分符號」，當 V 為（x，y，z）的函數時，$\dfrac{\partial V}{\partial x}$ 就表示「我要求出電位 V 對於平行 x 軸方向上的變化率 $\dfrac{dV}{dx}$」。

　　現在為了簡化起見，我們姑且將 V 當作只屬於 x 的函數吧。當 V 與 x 都以固定的比例增加時，$\dfrac{dV}{dx}$ 就為正的固定值，如果再作一階微分就得到 $\dfrac{d^2V}{dx^2}=0$。若用圖形來表示，就會像圖 2-1(a)這樣。再來還有像圖 2-1(b)這樣 V 向下凹陷往原點靠近的圖形，則其 $\dfrac{dV}{dx}$ 會在原點附近以一次函數方式增加，而在較外側的部分則會是平坦的。更進一步，$\dfrac{d^2V}{dx^2}$ 只會在原點附近具有較大的值。若反過來想，也可以說是「當 $\dfrac{d^2V}{dx^2}$ 數值為正的時候，V（x）會在其位置附近形成向下凹陷的圖形」。將函數作一階微分可以知道這個函數的「傾斜狀況」，而將函數作二階微分則會告訴我們這個函數「是向上凸還是向下凹」。也就是說，帕松方程式的意義就在於「當負的電荷密度存在時，其地點上的 V 會向下凹陷」。這正是用數學式表示出在被席兒推下去的房間裡，安藤與地板之間的關係。

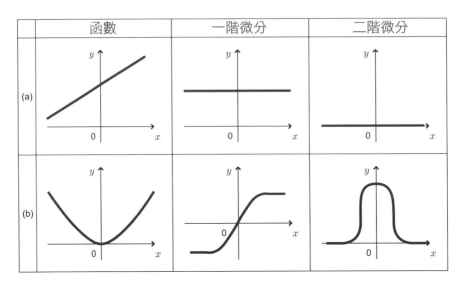

	函數	一階微分	二階微分
(a)			
(b)			

✚ 圖 2.1 　函數外型與其二階微分

好，既然我們可以知道電荷在什麼位置會有多少強度，原本想要解答的問題就可以這樣看：「想要知道電荷在某個位置上有多強時，就要求出滿足 $\dfrac{\partial^2 V}{\partial x^2} + \dfrac{\partial^2 V}{\partial y^2} + \dfrac{\partial^2 V}{\partial z^2} = -\dfrac{\rho}{\varepsilon_0}$ 的 V」。當我們已知某函數的二階微分時，為了要得出這道函數，最基本的就是計算二階積分。一般來說，光用紙筆想要進行這種積分，在大多數情況下都是不可能達成的，必須要用電腦來計算出近似值。

　　所得到的結果，就是表示空間中各點 $(x，y，z)$ 上電位 V 的純量場。當然，這個 V 在各個點上都滿足 $\dfrac{\partial^2 V}{\partial x^2} + \dfrac{\partial^2 V}{\partial y^2} + \dfrac{\partial^2 V}{\partial z^2} = -\dfrac{\rho}{\varepsilon_0}$ 關係式。接下來為了得知電場，我們使用電位與電場的關係式

$$\vec{E} = -\text{grad}V$$

若將它寫作微分符號就是

$$\vec{E} = -\left(\frac{\partial V}{\partial x}, \frac{\partial V}{\partial y}, \frac{\partial V}{\partial z} \right)$$

也就是說，將二階積分所得到的電位 V 再作一次微分就得到 $\vec{E}$。這個方法在電

荷已知的時候，是求取空間中各場所的電位與電場的一般程序，實際上則可被
廣泛應用在電子儀器設計等用途上。

　　接下來我們來想想，在已知電場 $\vec{E}$ 時，據此畫出電力線的方法。其實這

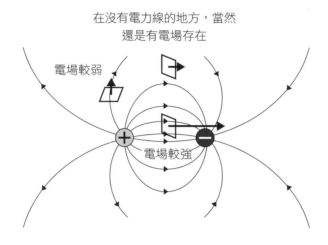

✚ 圖 2.2　相互吸引的電荷所創造的電力線

方法出奇的簡單，只要從電荷出發，持續順著電場方向牽引出一條線，就自動
能得到電力線。當存在相同大小的正電荷與負電荷時，只要將正電荷設為起
點，沿著電場方向走就一定會到達負電荷，而這道走過的路徑其實就是電力
線。這樣牽引出來的就會是圖 2.2 的電力線。

　　電力線所描繪出的電場狀態，對於想要直觀地了解電場「方向」及「大
小」的分布狀態是再適合不過了。漫畫中也說過電場的方向就是沿著電力線的
方向，不過同時，電力線的密度也表示著電場的大小，這點請注意。它所顯現
的是，電力線越擁擠的地方電場越強，越稀疏的地方電場越弱。如上圖這樣，
若我們在電力線垂直擺上單位大小的正方形，通過正方形的電力線數量就代表
這個位置的電場大小。沒有電力線通過的地方並非沒有電場，而應該解釋成電
力線密度極低、電場極小。

step up

　　如果要詳實說明這點，就必須要正式學過電磁學才行，因此我們只傳達一個大概的感覺。首先，電力線定是從電荷出發（反過來說，就是絕對不可能從其他地方出發）這條規則，可以用馬克士威方程式第一條：$\mathrm{div}\vec{D}=\rho$ 來表示。而這同時又表現了庫侖定律「力的大小與距離的平方成反比」的性質。接下來，電力線不會交錯也不會分岔，表示出電力線定是沿著電場方向的性質。任意位置的電場向量方向定只有一個，因此，如果這位置上的電力線分岔開來，電場方向就不知該算哪一個了。再來，電力線會縮短、會相互排斥，這是表現了庫侖力。動力線收縮的性質表示的是符號相異的電荷之間吸引的庫侖力，

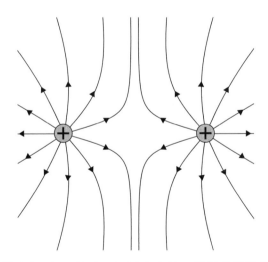

✚ 圖 2.3　相同符號、相同大小的二個電荷與電力線

相鄰電力線會盡量遠離的性質表示的是符號相同的電荷之間排斥的庫侖力。

　　「從電荷發出固定數量、絕對不會交錯、彼此盡量遠離、自己則盡量收縮」這樣的線，會使符號相反的電荷相互吸引、符號相同的電荷相互排斥。而且其力道大小會恰巧遵從庫侖定律。因此，遵從「規則」所牽引出來的電力

線，就代表著電場，也就是電荷受力的方向與大小。這就是電力線的原理所在。舉例來說，假設有大小相等、符號相同的兩個電荷擺在一起時，電力線型態就會像圖 2.3 所示。電力線會相互盡量遠離的性質，就表示著相同符號電荷互斥的庫侖力，這點很容易明白吧。

但是前面都是抽象的說明，想必也會有讀者光靠這些說明還是無法理解，爲何遵守規則畫出電力線就能得知電場。關於電力線性質的數學根據，在相當高等的電磁學課本裡會以「馬克士威應力張量」作討論，有興趣的讀者請務必研讀。

⊕⊖ 靜電場必定存在電位能

當靜電場 $\vec{E}$ 存在時，必定存在著純量場 V（電位），其電位梯度正好形成電場。這是爲什麼呢？關鍵的概念在於電場的「疊加原理」（Superposition）。疊加原理的內容是：當存在著複數個點電荷時，在某一點 P 上的電場會等於這些點電荷的電場全部向量加總起來。畫成圖形就是如圖 2.4 這樣。

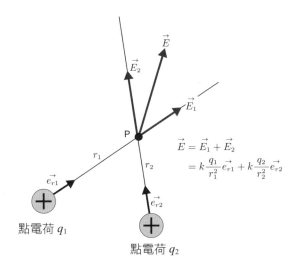

⊕ 圖 2.4　電場的疊加原理

這原理真的成立嗎？原本必須對此進行嚴格的檢驗才對。但其實我們可以充分期待，若依據下列事實，電場的疊加原理就會成立。

根據庫侖定律，在與電荷量 q_1 的電荷相距 r_1 的P點上，電場為

$$\vec{E_1} = k \frac{q_1}{r_1^2} \vec{e_{r1}}$$

k：庫侖常數 [Nm²/C²]

r_1：對點電荷的距離 [m]

q_1：點電荷的電荷量 [C]

$\vec{e_{r1}}$：r_1 方向的單位向量

如果在 q_1 相同位置再加上一個 q_2 的電荷，電場就變成

$$\vec{E_{1+2}} = k \frac{(q_1 + q_2)}{r_1^2} \vec{e_{r1}}$$

相同位置上的兩個電荷不會相互干涉，P點的電場很單純地會是 q_1 製造的電場與 q_2 製造的電場的和。這點屬於絕對真理[※]，如果遭到破除，庫侖定律就不成立。接下來，我們試著移動 q_1 與 q_2 的位置。這時 q_1 與 q_2 也不會彼此干涉，P點的電場依然會是 q_1 製造的電場與 q_2 製造的電場的和。事實上一直到目前為止，破除電場疊加原理的實驗事實一次也沒被觀察到。

因此，既然一個點電荷創造的電場存在著相對應的電位 V，無論電荷怎麼分布，我們都可以將它們分解成點電荷，再將個別點電荷製造的電位疊加起來，因此任何電荷分布都存在著相對應的電位。

當原點上存在著一個點電荷 q_0 時，其四周電場會是只屬於半徑 r 的函數，寫作

$$E = k \frac{q_0}{r^2}$$

電場表示電位的梯度，由於梯度可以被視同微分計算，我們就來想想什麼函數微分過後會變成上面的型態吧。由於微分後會變成 $\frac{1}{r^2}$ 的函數是 $-\frac{1}{r}$，因此我們先假設點電荷所製造的電位是

$$V = k \frac{q_0}{r}$$

※　這並不是說它「絕對正確」，而是表示古典電磁學是以相信它作為發展根基。兩者看似相同，其實
　　意義完全不同。

現在我們要來仔細調查，這個函數 V 是不是就是電場 $\vec{E}$ 所製造的電位。「電場是電位的負梯度」，也就是 $\vec{E} = -\mathrm{grad}V$，若用口語來解釋就是「對於某一點上的電位向量 E，其方向會與這位置的純量場 V『變化最大的方向』相一致。設這個方向所取的最小距離爲 ds，則向量大小就爲 $-\dfrac{dV}{ds}$」。

來觀察一下以原點爲中心，位於半徑 r 上的 V 吧。r 相同的任意點上 V 值都會相同，因此只要是沿著半徑 r 的球面移動，V 都會是固定值。這也就可看出，會讓 V 產生最大變化的移動方向就是垂直球面的方向。接著，如果 r 方向稍有變化，V 也會稍有變化，其變化率爲 $\dfrac{dV}{dr}$，它就相當於 $\mathrm{grad}V$。那麼我們就來具體計算 $-\mathrm{grad}V = -\dfrac{dV}{dr}$ 吧。

$$-\frac{d}{dr}\left(k\frac{q_0}{r}\right) = k\frac{q_0}{r^2}$$

確實得出符合庫侖定律的電場了。這顯示出點電荷創造的電場，能夠以 $V = k\dfrac{q_0}{r}$ 表示。根據這點我們也可以說，任何電荷分布都存在著相對應的純量場 V。

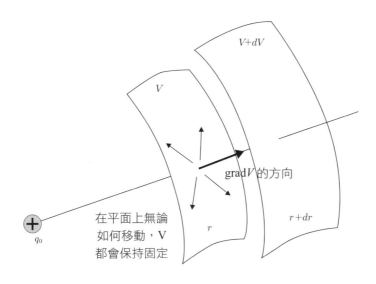

◆ 圖 2.5　點電荷產生的電位與電場的方向

第 3 章

高斯定律、導體‧介電質

好不容易等到今天這個做帥氣實驗的日子，

噠 噠 噠 噠 噠

呼 哈

呼

甜品
白兔屋

竟然要我跑大老遠去買這種麻煩東西！

哈

辛苦啦！沒想到你還滿快的嘛。

大嚼 特嚼

嗯，真好吃！真是極品～

妳怎麼吃掉了！不是說要拿來做實驗用的嗎？

因為要讓我腦袋好好運作，吃這個最合適啦！

而且你想想，哪有實驗用羊羹來做的呀？

怒火熊熊

這傢伙…竟然為了這種理由而差遣我…

好吃 好吃

嚇我一瞬間還想說會不會是「她」，真是白痴…

對啦，那個實驗在你去買東西的時候，一下子就做完了，那我們下回見啦。

我不是請妳要等我回來嗎～！？

轉頭

嗯？

…這是不可能的啦。

實驗前先講課！

今天我們要說明「高斯定律」！

在說明高斯定律以前，我們先解釋一下**「電通密度（又稱電位移）」**這個概念。

相互吸引點電荷所製造的電力線

電力線

你可以把它想做和電場、電位與電力線同樣的思考工具。

回想一下，

在某一位置上，電力線通過越多，就代表電場越強。

那麼我們就把電力線的密度值表示為這個位置上的電場再乘上一個常數。

咚
咚

D 稱作「電通密度」，就是電場乘上真空電容率。

$D = \varepsilon_0 E$：**電通密度**　$[\text{C/m}^2]$

ε_0：**真空電容率**　$[\text{C}^2/\text{N m}^2]$

E：**電場大小**　$[\text{N/C}]$

※　E 是 Electric Field（電場）、
　　D 是 Displacement（電位移）的第一個字母

為什麼名字不是叫電力線密度而是「電通密度」呢？

D 的量值就是表示穿過這個面的電力線密度。

嚴格來說，電力線和電通量的意義還是有所不同。

目前我們還不會考慮到「介電質」※，所以可以把它們當作是同樣的東西。

真空電容率在前面講庫侖定律時也有出現一下下，

它究竟是什麼呀？

很好奇吧？

不過這要留到後面再來好好說明。

電通密度

請注意電通密度的單位。

$$[C/m^2]$$

各單位面積中電力線的數量寫作每平方公尺的庫侖數，

也就是代表「每單位面積的電荷量」。

明明數的是電力線有多少條，卻用到了「電荷」的單位，感覺好奇怪。

一大堆

1.2.3…

互整！！

這也就表示我們想用電力線的數量來表示電荷。

是不是就類似堆積如山的餡料被作成羊羹後就變得很容易數了…？

※請參照 72 頁的「介電質」。

那麼接下來我們就使用電通密度的單位來計算電力線數量吧。

它就稱爲「電通量」。

電力線通過的數量，所以簡稱爲電通量，對吧？

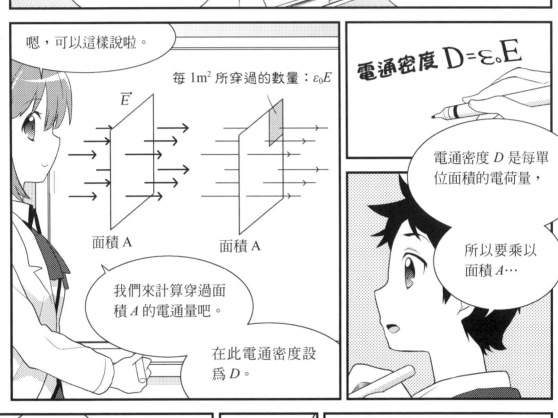

嗯，可以這樣說啦。

每 $1m^2$ 所穿過的數量：$\varepsilon_0 E$

$\vec{E}$

面積 A

面積 A

我們來計算穿過面積 A 的電通量吧。

在此電通密度設爲 D。

電通密度 $D = \varepsilon_0 E$

電通密度 D 是每單位面積的電荷量，

所以要乘以面積 $A\cdots$

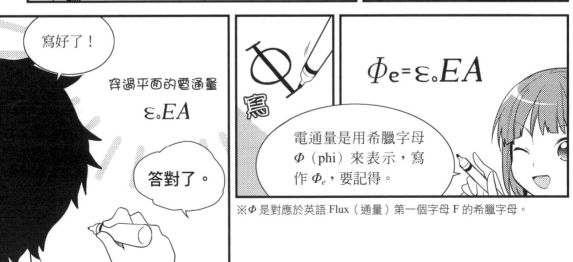

寫好了！

穿過平面的電通量
$\varepsilon_0 EA$

答對了。

寫

$\phi_e = \varepsilon_0 EA$

電通量是用希臘字母 Φ（phi）來表示，寫作 ϕ_e，要記得。

※ Φ 是對應於英語 Flux（通量）第一個字母 F 的希臘字母。

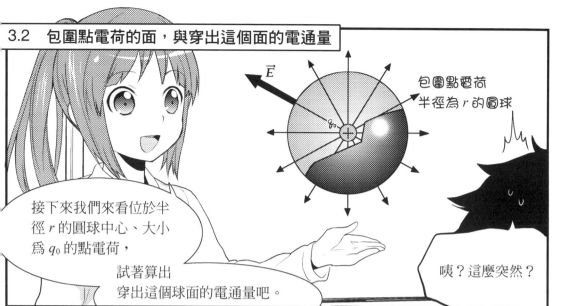

包圍點電荷
半徑為 r 的圓球

$\vec{E}$

接下來我們來看位於半徑 r 的圓球中心、大小為 q_0 的點電荷，

試著算出穿出這個球面的電通量吧。

咦？這麼突然？

要領跟剛剛一樣喔。你知道球的表面積公式嗎？

$$D = \varepsilon_0 E$$
$$\Phi_e = \varepsilon_0 E \times 4\pi r^2$$

表面積是 $4\pi r^2$，

每單位面積的電通密度 D 是這樣，所以…

寫完了！

還差一步。

我們來試著套用庫侖定律。

位於半徑 r 上的電場 $\vec{E}$，根據庫侖定律就為

$$E = k \frac{q_0}{r^2}$$
$$k = \frac{1}{4\pi\varepsilon_0} = 9.0 \times 10^9 \ [\text{Nm}^2/\text{C}^2]$$

因此得到

$$E = \frac{1}{4\pi\varepsilon_0} \frac{q_0}{r^2}$$

來，求出電通量 Φ_e 吧。

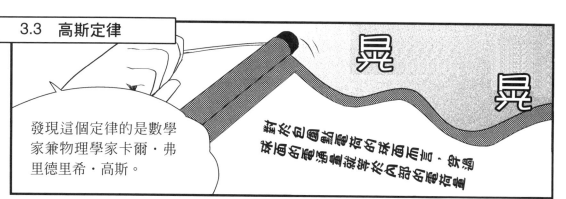

發現這個定律的是數學家兼物理學家卡爾‧弗里德里希‧高斯。

對於包圍點電荷的球面而言，穿過球面的電通量就等於內部的電荷量

晃晃

噗～～～～～

壓

擠

高斯定律不只對球面有用，

對於包圍電荷的任何封閉曲面都是成立的。

封閉曲面

這種面可以是任何形狀，但是要像氣球一般，毫無空隙地包覆著空間，

也就是可以定義出「內部」與「外部」的曲面。

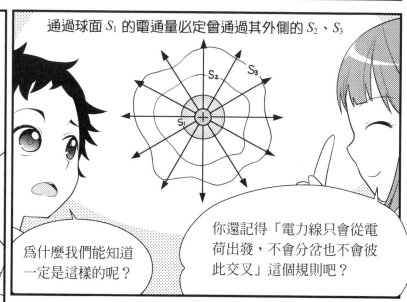

通過球面 S_1 的電通量必定會通過其外側的 S_2、S_3

S_2　S_3

S_1

為什麼我們能知道一定是這樣的呢？

你還記得「電力線只會從電荷出發，不會分岔也不會彼此交叉」這個規則吧？

既然從電荷出發的電力線不會彼此交叉，一定會穿越曲面出去，

無論曲面是任何形狀，只要是形成包圍住電荷的封閉曲面，

貫穿曲面的電通量就會是 q_0。

無論用什麼方式包圍電荷，發出的電通量都不會改變呢。

即使存在二個以上的電荷，電力線仍會依據規則而不會彼此交叉。

那麼…

所以所有的電力線都會從曲面穿到外頭去。

啾

在這種情況下穿過曲面的電通量會有多少？

封閉曲面

全部加總起來，

就是 $q_1 + q_2$ 吧？

答對了！

3.4 電通密度向量與高斯定律的微分形式

為什麼要用微分形式？

接下來我們要用「**微分形式**」來表示高斯定律。

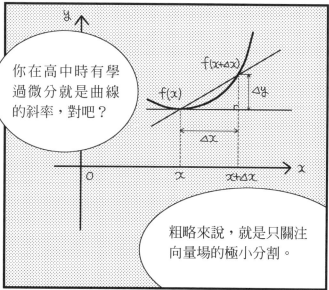

你在高中時有學過微分就是曲線的斜率，對吧？

$f(x+\Delta x)$

$f(x)$

Δy

Δx

x　$x+\Delta x$

粗略來說，就是只關注向量場的極小分割。

電通密度向量 $\vec{D} = \varepsilon_0 \vec{E}$

電場向量 $\vec{E}$ 乘上 ε_0 的向量，

我們就稱作電通密度向量。

電通密度向量 $\vec{D} = \varepsilon_0 \vec{E}$

就是電通量的向量場版本對吧？

這時從立方體穿出的
電通量會是多少呢？

電通量$\Phi_e =$

嗯

妳突然這麼一問，
我怎麼會知道啊…

回想一下高斯
定律。

它不是說「對於包圍點電荷的封
閉曲面而言，穿出封閉曲面的電
通量就等於內部的電荷量」嗎？

對於包圍點電荷的封閉曲面而言，穿出封閉曲面的電通量就等於內部的電荷量

所以電通量就是立方體當
中的電荷加總起來呀～

為啥每次都有
這樣唱

那，它就是
電荷密度ρ×體積V，

這樣對吧？

$\Phi_e = \rho V$

沒錯。

寫
寫～

那我們把這道
式子做這樣的
變形吧。

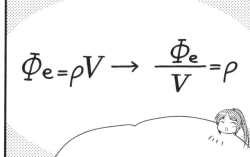

$$\Phi_e = \rho V \rightarrow \frac{\Phi_e}{V} = \rho$$

就變成這樣。也就是說「電
通量÷體積」必定等於這個
位置上的電荷密度。

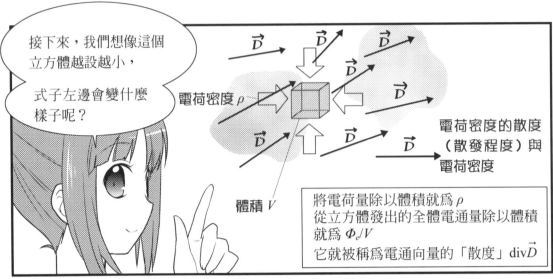

接下來，我們想像這個立方體越設越小，式子左邊會變什麼樣子呢？

電荷密度 ρ

電荷密度的散度（散發程度）與電荷密度

體積 V

將電荷量除以體積就為 ρ
從立方體發出的全體電通量除以體積就為 Φ_e/V
它就被稱為電通向量的「散度」$\mathrm{div}\vec{D}$

自無限小的立方體當中發出的電通量除以無限小立方體的體積…

是這個意思吧？

是呀。不過無論立方體設得再小，「電通量」÷「體積」都不能為零。

我們就把這稱為在這一點上的「向量場散度」。

越設越小，這是微分的思考方式。

在二維曲線的情況中就是斜率…會越來越接近切線斜率吧。

沒錯沒錯，就是那種概念。

「向量場散度」其實只是將向量場微分的方法之一，

還有其他微分向量場的方式唷。

之後還會陸續出場，敬請期待※。

在此我們不作詳細說明，不過向量場的散度一定會變成純量。

向量場的散度
⇩
純量

$$\mathrm{div}\vec{D} = \rho$$

電通向量 $\vec{D}$ 的散度*就寫成 $\mathrm{div}\vec{D}$，

要唸作「divergenceD」，要記得唷。

註）向量場散度因為接近一種從某處散發出來的形象，因此 divergenceD 有時也稱作「向量 D 的源」。

那麼

$$\mathrm{div}\vec{D} = \rho$$

看到這個式子，你有沒有想起什麼？

嗯～？

$$\mathrm{div}\vec{D} = \rho$$

這是馬克士威方程式的第一條，

高斯定律的式子。

啊！我就想說好像有看過！

你不用逞強啦。

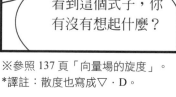

※參照 137 頁「向量場的旋度」。
*譯註：散度也寫成 ▽・D。

微分形式的高斯定律

就是「電通密度向量 $\vec{D}$ 的散度等於電荷密度 ρ」

這個意思。

這跟掛軸上寫的高斯定律還是一樣嗎？

穿出封閉曲面的電通量等於

內部含有的電荷

電通密度向量的散度等於這個位置上的電荷密度

其實這兩句話

在數學上來說是完全一樣的。

一開始出現的高斯定律，

相對於微分形式而言，它常被稱為「積分形式」。

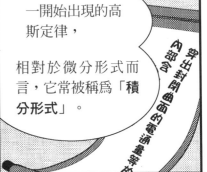

看起來實在不像是一樣的東西，

真的是一樣的嗎…？

不單如此。

不要忘記，高斯定律是直接從庫侖定律推導出來的。

高斯定律只是將庫侖定律換一種方式來表現而已。也就是說，

・庫侖定律
・高斯定律（積分形式）
・高斯定律（微分形式）

其實全都是一樣的東西。

3.5 導體

好啦，在這裡我們先來做個有趣的實驗吧～

終於要做實驗了！我等好久啦！

It's show time!

咦？

咦？

嚐嚐三萬伏特的高壓吧！

「啪鏘」

嗚哇——！

你、妳想害死我啊！

哎呀真不可思議，

裡面的人竟然沒事耶～！

心驚

膽戰

籠子裡面會形成「靜電屏蔽」效應，不會死啦。

這就是稱為「法拉第籠」的有名實驗。

好孩子不要模仿唷！

好啦，為了讓你心安，我來說明一下靜電屏蔽吧。

喀啦　喀啦

妳這跟一般的順序顛倒了吧…

物質分為導體與絕緣體，

你知道為什麼導體能夠讓電流流過嗎？

導體

電很容易流通

絕緣體

電難以流通

導體就是像金屬那樣吧？

嗯…

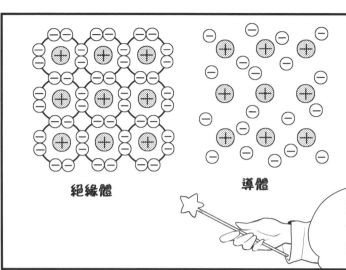

絕緣體　　　　導體

因為導體和絕緣體不同，其原子內部的電子很容易離開而自由行動。

這我有聽過耶。

就是所謂自由電子嘛。

正是如此。

那麼，當我們在電場當中放入導體，你知道會發生什麼事嗎？

電子是負的電荷唷。

嗯，負電荷就表示它會往電場向量相反的方向運動吧？

答對了。

但是當電子移動到導體邊緣的時候，就沒辦法再運動下去了。

這就是所謂的「靜電平衡」。

停滯

靜電平衡

如果對導體施以電場，會發生什麼事呢？我們一步步來觀察吧。

當我們從外部施加電場時，電子會開始移動。

那電荷密度會有怎樣的變化呢？

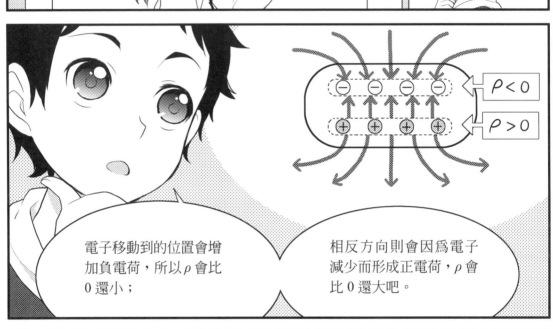

$\rho < 0$

$\rho > 0$

電子移動到的位置會增加負電荷，所以 ρ 會比 0 還小；

相反方向則會因為電子減少而形成正電荷，ρ 會比 0 還大吧。

就是這樣。無論哪一邊都會遵從高斯定律 $\mathrm{div}\vec{D} = \rho$ 而發出電通量。

你注意看看導體內部電場的方向。

跟外部電場的方向相反…

對嗎？

正是如此。

當導體被施以外部電場時，電子會像是要與外部電場相互抵銷一般移動而停在那裡。

這種狀態就是所謂的「靜電平衡」。

雖然處在電場當中，電子也不會再多作移動了呢。

晃

搖

「平衡」簡單來說就是「互相抵銷」呀。

如果導體當中的電場消失，電子也不會再受到力了不是嗎？

為什麼是我…

靜電平衡具有這些性質唷。

定理 1：當導體放置在電場當中，
　　　　自由電子會往與外部電場抵銷的方向移動。

定理 2：平衡狀態，就是被放置在電場中的
　　　　導體，其內部不存在電場的狀態

定理 3：因此，形成靜電平衡的導體內部，
　　　　各位置的電位均相等

那麼我們來稍微想像一下，

空洞

導體

假設有個中間挖空的導體，從外部施以電場，你覺得會發生什麼事？

導體本身會形成靜電平衡吧。

那，中間由導體所包圍的空洞會如何呢？

嗯～我真猜不出來了。

答案是

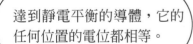

外部電場無論如何也沒辦法侵入內部。

達到靜電平衡的導體，它的任何位置的電位都相等。

由於導體的內側表面電位也會相同，因此就連內部空洞的各位置也必須形成等電位不是嗎？

由於靜電屏蔽，形成沒有電場的空間

沒有電場

電位固定

是因為被電位相等的空間所包圍，所以電場無法存在呀。

既然電位相等，就不會有電流流通囉。

也就是說，我們就可以創造出完全沒有電場的空間了。

這就是「靜電屏蔽」。

這該不會就是我剛才待的籠子的原理吧？

答對了～

它就是十九世紀的物理學家麥可‧法拉第為了說明靜電屏蔽而進行的展示實驗。

法拉第…

真是太亂來了…

嗚

嗚

另外，我們在電梯或大樓內時，手機訊號會很差，也是因為靜電屏蔽的關係。

由於升降電梯的隔間屬於導體，電場的振動也就是電磁波※就難以進入其中。

仔細觀察微波爐門上的玻璃，

有加上一層金屬網對吧？

那也是用來產生靜電屏蔽，

只是這次是用在將電場封閉在內部。

※請參照 P.201。

3.6 介電質

當受到外部電場時，介電質不會有電流流通，相對地會產生「極化」的現象。

要探討位於電場當中的絕緣體時，就不稱之為絕緣體

而稱為「**介電質**」，因此接下來我們都統一稱為介電質。

接下來我們來談絕緣體與電場。

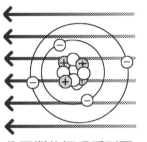

介電質的原子受到電場而產生極化

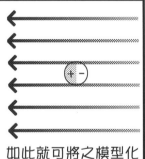

如此就可將之模型化為「電偶極子」

電子會被拉往電場的相反方向，

這時原子會分裂成正電荷與負電荷的配對，

這現象就稱為「極化」。

受到電場作用時介電質的變化，可以近似為電偶極

即使無法移動，內部還是會形成偏移開來的狀態嘛。

嗶嗶

這難道是那會冒出來的…

介電質會極化的性質，會影響到埋進介電質的電荷。

簡單來說，就是埋進介電質的電荷所發出的電場比在真空狀態下還小。

那我們來試著在介電質當中埋進電荷吧。

這是因為介電質把電場遮起來的關係嗎？

強！

正電荷與從正電荷發出的電力線

當電荷被介電質包圍時，由於極化電荷的關係，部分電力線被吸收掉

要解釋得仔細點，就是埋進的電荷會使介電質產生極化，

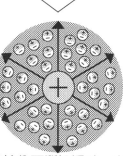

因為極化而產生的負電荷會將正電荷發出的電力線抵銷掉一部分。

被物質包圍的電荷所發出的電場 $\vec{D}=\varepsilon\vec{E}$

ε：物質的電容率

介電質隨著種類不同，ε 也會有所變化，因此我們不用考慮介電質的極化就可以使用高斯定律喔。

原來如此，這種想法真是高明呀！

相對電容率 $\varepsilon_r=\varepsilon/\varepsilon_0$

介電質的電容率以真空電容率 ε_0 作為單位來表示，就是「相對電容率」。

想要求 ε 時只要 $\varepsilon_0 \times \varepsilon_r$ 就有了嘛。

就是呀。相對電容率 ε_r 雖然隨物質而各有不同，但是一定是比 1 大的數值。

因為若完全不產生物質極化就是真空了呀。

作為參考，我們整理一下代表性的相對電容率吧。

代表性介電質的相對電容率[※]

物質名稱	相對電容率	物質名稱	相對電容率
乾燥的空氣	1.00059	紙	3.7
電木	4.9	水	80
百麗耐熱玻璃	5.6	矽油	2.5
鐵弗龍	2.1	五氧化二鉭	25
氯丁橡膠	6.7	鈦酸鋇	～5,000

※出處：Raymond A. Serway《Physics for Scientists and Engineers》。

趴下

今天就講到這兒啦，晚安～

喂…

嘰嘰嘰嘰嘰嘰嘰嘰嘰嘰嘰嘰嘰嘰呼嘰嘰

還打呼…

完全睡死了嘛…怎麼會累成這樣…

嘰…呼咕咕咕

哎呀呀…今天也是發生一堆事又被整了…

反正懂了高斯定律就好啦。

又迷路了…

沙

我怎麼會路痴到這種程度…

沙

那是…

follow up

⊕⊖ 應用高斯定律

　　高斯定律是直指電磁學本質的重要定律。可以說是因為庫侖定律成立才使高斯定律得以成立，也可以說是由於電荷發出的電力線遵從高斯定律，電荷間的作用力才遵從庫侖定律（平方反比定律）。不過在此我們先不談本質的議題，只討論高斯定律的實際應用方式。

　　當電荷如雲霧般分布時，要計算某個位置上的電場是非常麻煩的工作。我們必須在欲得知電場的位置上放置微小電荷（試驗電荷），將如雲霧般濃密分布的電荷對它施加的力一個一個算出來。當然，用第 2 章中講過的「帕松方程式」來解也是可以的。不過，在電荷以高度對稱性方式分布時，運用高斯定律可以迅速計算出電場。舉例來說，我們來解以下的問題。

問：設如圖 3.1 所示，半徑 a 的圓球內填塞著均勻密度的電荷，電荷密度為 ρ [C/m³]。試計算自球中心算起、半徑 r 位置上的電場。

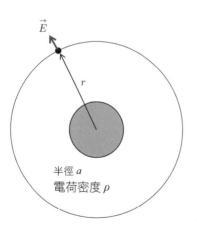
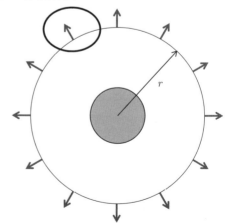

只要半徑為 r，無論在哪個位置上
電場大小都不會改變

$\vec{E}$

r

半徑 a
電荷密度 ρ

r

✚ 圖 3.1　運用高斯定律求出球狀電荷所製造的電場

78

電荷的密度就是每單位體積的電荷量，由於密度固定，它就是電荷量除以體積的數值。我們常用 ρ（rho）這個希臘字母來表示密度。這個問題要用高斯定律來解的時候，我們要使用一項對物理學來說是理所當然的事實，那就是「對稱性」這個性質。當一無所有的空間中只放有一個電荷時，在距離中心為半徑 r 的球面上，其電場一定是沿著球的半徑方向，而且大小是固定的。為什麼呢？因為既然我們無法區分出位於球面上的某個位置與其他位置，如果電場遵守庫侖定律，球表面上任何位置的電場不就沒有理由與其他位置不同了不是嗎？既然如此，我們假設這個電場的大小為 E，方向則依據對稱性論證，必定是沿著球體半徑的方向。

我們將半徑 r 的球體視為封閉曲面來套用高斯定律。電通量在傾斜著穿過曲面時計算十分麻煩，但是現在是垂直曲面，因此只要將表面積與電場的大小相乘就好，答案是 $4\varepsilon_0\pi r^2 E$。置入其中的電荷大小為球的體積乘上電荷密度等於 $\frac{4}{3}\pi a^3 \rho$，我們將它設為 Q。根據高斯定律，二者就可以相連起來

$$4\varepsilon_0\pi r^2 E = Q$$

如果要解出未知的 E，只要將電場大小設為 $E = \dfrac{Q}{4\pi\varepsilon_0 r^2}$，一下子就能解出來了。將電荷 Q 還原為 $\frac{4}{3}\pi a^3 \rho$ 再作整理，就得到 $E = \dfrac{\rho a^3}{3\varepsilon_0 r^2}$。

有趣的是，均勻密度的球狀電荷所發出的電場，從外部看來，就與一個大小為 Q 的點電荷位於中心位置時所發出的電場一模一樣。這裡有件與此相關的趣聞：大家可能都聽說過牛頓因為看到蘋果的掉落而發現萬有引力，而這時地球與蘋果間的吸引力，與將地球質量完全集中在中心點時的大小剛好一樣。牛頓一直不明白這其中的道理，使得他的萬有引力晚了二十年才發表。由於萬有引力與庫侖力都同樣遵守平方反比定律，牛頓所苦思的問題與我們現在所碰到的問題可以說完全一樣。要是牛頓知道高斯定律，也許就不用這麼苦惱了吧（當然高斯定律的發現是在超過一百年以後的事了）。而牛頓是怎樣解決這個問題的呢？他為此而創設了稱為「微積分法」的數學，用來計算地球所有質量對於蘋果的影響。

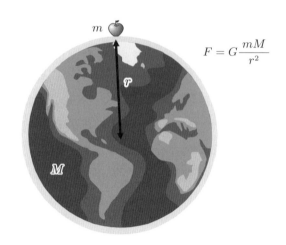

$$F = G\frac{mM}{r^2}$$

✚ 圖 3.2　萬有引力定律

　　現在再舉一個例子，我們來探討電荷以無限長直線方式分布時的電場。假設電荷的密度為長度每 1m 有 q[C]。圖 3.3 為電荷及其四周電通量的示意圖。根據對稱性，電通量必定與電荷的這條直線相垂直，呈放射狀散發出去。再來，若是取一個半徑為 r 的圓周，在圓周上面任何位置的電場必定都是大小相等。既然如此，我們就取一段半徑 r、長度 L 的圓筒表面。像這樣為了計算高

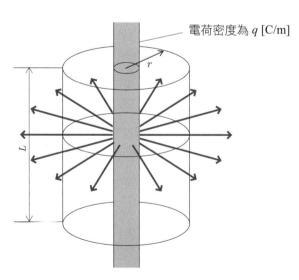

電荷密度為 q [C/m]

✚ 圖 3.3　用高斯定律來解無限長電荷所產生的電場

斯定律而制定的封閉曲面就稱爲「高斯面」。爲了從高斯定律推導出電場大小，我們需要能找出「剛好適合計算的高斯面」的直覺。在這個例子中，由於圓筒上下面沒有電通量穿出，因此可以忽略不管，只看從側面穿出的電通量即可。設電場大小爲 E，由於曲面與電場相垂直，因此電通量爲 $2\varepsilon_0 E\pi rL$。由於內部含有的電荷爲 qL，根據高斯定律就可以知道：

$$2\varepsilon_0 E\pi rL = qL$$

$$E = \frac{q}{2\pi\varepsilon_0 r}$$

如上所示，運用高斯定律就可以輕易求出電荷在空間分布時的電場，但是請注意，這種方法只適用在「對稱性論證」、存在著剛好適合計算的高斯面的情況。當電荷分布太過複雜而無法使用對稱性的解法時，我們還是要用電腦來進行數值計算。現實世界的問題幾乎都是這種困難的問題。

⊕⊖ 電通量與向量的內積

電通量的定義是穿過某個面的電通密度向量 $\vec{D}$ 的總和。當碰到「自點電荷發出的電通量碰上球面」這樣對稱性良好的情況時，向量 $\vec{D}$ 會垂直高斯面穿過。在這種情況下，電通量可由「電通密度」×「面積」來計算求得。那麼當這個面不是球面、電荷不是點電荷的一般狀況下時，電通量該怎麼樣去求取呢？在正式的電磁學當中，計算這些要使用到積分。首先設定某個曲面，再將它分割成細小的網格（mesh）。這麼一來，就可以將一道道網格面看作平面，也就可以找出垂直這個面的線，也就是法線。延著法線方向、大小等於平面面積 ΔA 的向量我們將它取作「面積向量」$\Delta \vec{A}$。如此一來，穿過細小平面的電通量就可以用 $\Delta \vec{A}$ 與電通密度 $\vec{D}$ 的內積（請參考附錄「向量與純量」）來表示。

$$\Delta \Phi_e = \vec{D} \cdot \Delta \vec{A}$$

要知道穿過所有面的電通量，只要把這些 $\Delta \Phi_e$ 全部加總起來就好。但是要計算正確，ΔA 必須設到無限小才行。這時就變成所謂「面積分」的數學操作了。寫成符號就是

$$\Phi_e = \iint\limits_{A} \vec{D} \cdot d\vec{A}$$

符號 $\iint\limits_{A}$ 代表將面A整體積分起來的意思。一般規定當向量$\Delta\vec{A}$的面積縮到無限小時要寫成 $d\vec{A}$。

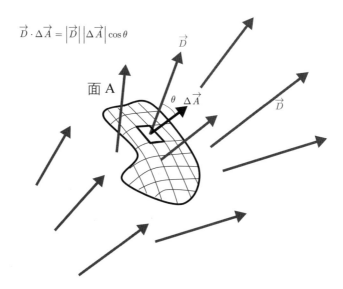

$$\vec{D} \cdot \Delta\vec{A} = \left|\vec{D}\right|\left|\Delta\vec{A}\right|\cos\theta$$

面 A

➕ 圖 3.4　將內積與面積分使用在計算電通量上面

電容器（C）、電阻（R）與電感（I），是組成電路最重要的三種基本零件。電容器與靜電平衡（本章）、電阻與電流（第 4 章）、電感與電磁感應（第 6 章）分別都有深切的關聯。在此我們簡單解釋一下電容器的原理，以及將介電質夾在其中的效果。

圖 3.5 是電容器原理的簡易示意圖。電容器是由兩塊很貼近的導體板子所形成，這兩塊導板稱為「極板」。大多數電容器由於之後會解釋的原因而會在極板間夾設介電質。如果零件做的薄而寬廣，要找地方安置就會很麻煩，因此有時也會將它們捲起來加上外殼，圓筒形的電容器就是這麼來的。

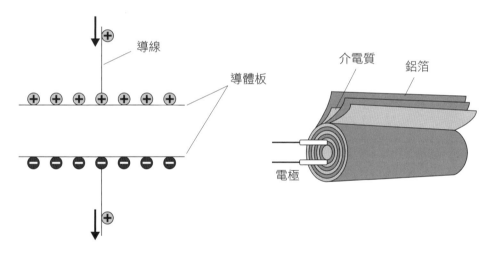

導線
導體板
介電質
鋁箔
電極

◆ 圖 3.5　電容器的概念圖

極板會接上導線，使電荷容易出入。現在我們從一邊的導線放入正電荷。到達極板的電荷，會將另一側極板的正電荷驅趕出去，這時就能使極板處在正負電荷互相抵銷的狀態，這稱為「電容器充電」。由於在這種狀態下，極板的電荷是相互吸引的，因此電荷不會移動，也就是說電容因此可以積蓄電荷。在此，如果使兩端導線互相接觸，正電荷與負電荷就會往相反的方向相互吸引、離開極板而達到中和，這就稱為「電容器放電」。

電容器就是像這樣能夠積蓄電荷、在必要時釋放出來的便利元件。當電容器積蓄了電荷的時候，雙方極板便產生了電位差。其所積蓄的電荷 Q 除以極板的電位差 V，就定義爲電容器的「電容」，單位是 [C/V]＝[F]（法拉）。當然，這單位的名字是來自對電磁學有重大貢獻的麥克·法拉第。

　　既然電容器是積蓄電荷的裝置，我們當然希望它能盡量積存越多電荷越好。那麼要怎樣才能提高電容器的電容量呢？最單純的方法就是增加極板面積，但是這會有它的極限。事實上，若讓電容器極板間的空間充滿介電質，電容容量會增加 ε_r 倍。以下我們來簡單說明這項原理。

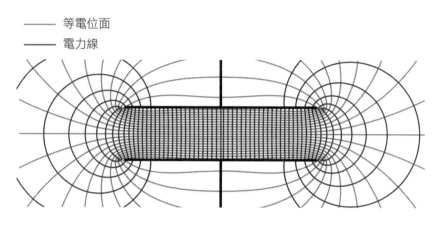

等電位面
電力線

✚ 圖 3.6　電容器內部的電場與等電位面

　　圖 3.6 就是電容器內部電場的示意圖。極板之間產生的電場，可以用近似的方式看作是垂直於極板的均勻電場。這時極板間的電位差就是極板間距 d 與電場 E 相乘

$$V = Ed$$

現在，我們就以相對電容率 ε_r 的介電質充滿極板之間。由於介電質具有抵銷電場的效果，極板間的電場就減少爲

$$E' = \frac{E}{\varepsilon_r}$$

極板間的電位差也因而變成

$$V' = \frac{E}{\varepsilon_r} d$$

減少為一開始的 $1/\varepsilon_r$ 倍，因此相同的電壓就可以塞入 ε_r 倍的電荷量。如果夾的是鈦酸鋇，電容量可以高達 5000 倍。圖 3.7 就是說明利用介電質極化的原理。請建立一個概念，夾著介電質會讓極板發出的電力線在介電質端被中和掉，使極板間的電場從 $\vec{E}$ 減少為 $\vec{E'}$。若要用其他話來說明相對電容率，也可以說它是表示「夾在電容器當中的時候，極板之間抵銷到剩下多少分之一」的係數。因此，下圖顯示的就是夾住相對電容率為 2 的介電質時的情況。

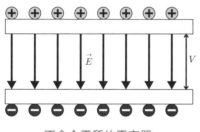
不含介電質的電容器

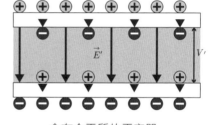
含有介電質的電容器

✦ 圖 3.7　含有介電質的電容器

大家應該都玩過像第 2 章那樣摩擦墊板使頭髮豎起的惡作劇，為什麼會發生那種現象呢？我們也可以用介電質與電容的關係來解釋。假設有一個積蓄了電荷 Q、不含有介電質、電容為 C 的電容器，我們從旁塞入介電質。當放入介電質，電容器的電容量增加，但是電荷依然保持固定時，根據 $Q = CV$ 的關係式，極板之間的電壓會下降。這就剛好等同於加了水的器物當被橫向拉寬時，水位會下降的關係。另一方面，電容器所積蓄的能量與極板間的電壓對積蓄電荷的乘積呈正比。也就是說，如果在電荷相同的情況下置入介電質，電容器所積蓄的能量會減少。

大自然有一項性質，就是偏好能量較低的狀態。在坡道上放一顆球，球會自然往坡底滾去，就是一個例子。電容器也是如此，當能夠自由出入的介電質靠近時，就會被電容器牽引過去，產生力量來使其安定在能量較低的狀態。說到這兒各位懂了嗎？墊板就是電容器的極板，頭髮就是介電質。我們可以這樣解釋，頭髮希望降低電容器的能量，如此的作用使得它被拉向電容器當中。

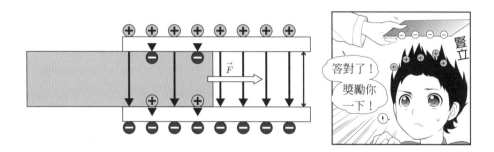

step up

向量場散度的代數表示法

只要有向量場存在，我們就可以探討這個向量場的「散度」（divergence）。同時，高斯定律也可以說成是，「只要電場在某處存在散度，在那個點上就會有電荷密度」。那麼向量場的散度實際上應該如何計算呢？當需要嚴密地進行向量場的計算時，我們要將向量以分量表示，再以代數計算各分量。向量的分量表示請參考附錄「向量與純量」（240 頁）。

現在我們將向量場 $\vec{D}$ 表示為 $(x，y，z)$ 的函數

$$\vec{D} = \left(\begin{array}{c} D_x\,(x,y,z) \\ D_y\,(x,y,z) \\ D_z\,(x,y,z) \end{array} \right)$$

D_x、D_y、D_z 分別為向量在 x、y、z 方向的分量。首先我們固定住 y、z，只在 x 方向上移動 Δx。這時 $\vec{D}$ 的各分量 D_x、D_y、D_z 會稍微有點變化。現在來看 D_x 的變化除以 Δx：

$$\frac{D_x\,(x + \Delta x, y, z) - D_x\,(x, y, z)}{\Delta x}$$

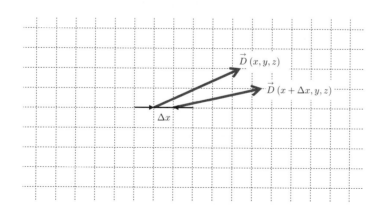

🔶 圖 3.9　對向量散度作代數運算

將 Δx 設為無限小時，上式就會收斂成為某一個數值。這個步驟稱為「$\vec{D}$ 的x分量對x作偏微分」，符號寫成 $\dfrac{\partial D_x}{\partial x}$。$\vec{D}$ 的分量有 D_x、D_y、D_z 三道、偏微分的方向有x、y、z三種，因此三維向量的偏微分合計起來就要分成九個分量。

接下來很神奇地，某一點（x，y，z）上電通密度向量 $\vec{D}$ 的散度，只要計算其中三個分量的加總

$$\mathrm{div}\,\vec{D} = \frac{\partial D_x}{\partial x} + \frac{\partial D_y}{\partial y} + \frac{\partial D_z}{\partial z}$$

就可以得到。為何會是如此，其中的道理已經超過本書的範圍，只能說，真的必須感謝第一位發現這項法則的數學家。不過如果經過以下的思考，我們在直覺上是可以信服上面式子就是求向量 $\vec{D}$ 散度的式子：現在我們設想有個場 $\vec{D}$，場中的水會沿著x軸方向流動。這時 $\vec{D}$ 僅有 D_x 分量而已。隨著x增加，D_x 也會增加，則 $\dfrac{\partial D_x}{\partial x} > 0$。這表示順著方向流動的流量變多了，而流量增加不可能沒有原因，那麼這想必就是在水流中另有水湧出的證據。由此我們就能夠理解 $\mathrm{div}\vec{D} = \dfrac{\partial D_x}{\partial x}$ 所具有的關係了。

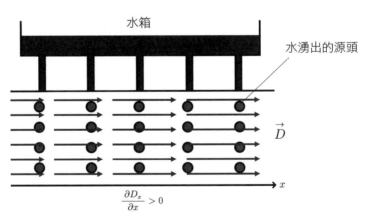

當水順著水流湧出時，
流量會緩緩增加（$\dfrac{\partial D_x}{\partial x} > 0$）。

✚ 圖 3.10 　用來直觀理解 $\mathrm{div}\vec{D} = \dfrac{\partial D_x}{\partial x}$ 的示意圖

在本章出現「介電質」之前，我們對於電場 $\vec{E}$ 與電通密度 $\vec{D}$ 的差異只做了權宜性的解釋。剛開始的解釋是說，爲了讓電通量單位爲 [C] 才乘上 ε_0 的。但是對於含有介電質的電磁場，$\vec{E}$ 與 $\vec{D}$ 就非得區分開來不可了。

首先，讓我們回頭對在第 2 章被定義爲「銜接電場 $\vec{E}$ 的力線」的「電力線」重新做出定義，同時也要來定義與其相對應的「電通線」。電通線是將 $\vec{D}$ 銜接起來所構成，會從眞正的電荷發出，而終結於眞正的電荷上[※]。在眞空當中，電力線與電通線幾乎是一樣的（因爲只有比例常數上的差異），但是當有了介電質，電力線會被極化電荷所切開，電通線卻不會，二者的差異就展現出來了。

✚ 表 3.1　電力線與電通線

電力線	銜接 $\vec{E}$ 的線	從電荷發出、終結於電荷
電通線	銜接 $\vec{D}$ 的線	從眞正的電荷發出、終結於眞正的電荷。極化電荷不會對其產生影響

設電力線與電通線的條數比例爲 ε，而 $\vec{D}$ 的邊界碰到介電質也照樣可以相連而不會被切斷，因此電力線在介電質中比在眞空中的數量還少。

爲了明瞭電力線與電通線意義的不同，我們將一個點電荷關在球殼狀的介電質當中，設相對電容率爲 2。先畫出眞空中的情況，電力線與電通線的數量要相同。

點電荷所發出的電場在眞空中被定義爲

$$E = \frac{1}{4\pi\varepsilon_0}\frac{q}{r^2}$$

※　這倒不是説極化電荷是「造假」，而是由於它不會眞的從原子中取出電荷，故作此區別。

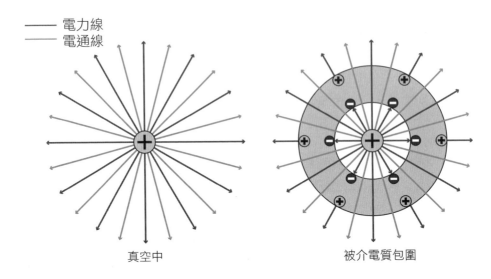

真空中　　　　　　　　　　被介電質包圍

✚ 圖 3.11　電容率為 2 的介電質球殼將點電荷包圍住

而介電質可以詮釋成電容率為 $2\varepsilon_0$ 的空間，因為這層限制，介電質中的電場就變為

$$E = \frac{1}{4\pi\,(2\varepsilon_0)}\,\frac{q}{r^2}$$

另一方面，無論有沒有介電質存在，電通密度通通表示為

$$D = \frac{1}{4\pi}\,\frac{q}{r^2}$$

請注意電力線，從點電荷發出的電力線有一半被介電質內側的極化電荷吸去了，因此電力線在介電質內部比起最內側的空洞有所減少。因為這樣，在介電質當中電場與電通密度的比例就為 $E = \dfrac{D}{2\varepsilon_0}$。接著，二者的關係在介電質外側又再度恢復到 $E = \dfrac{D}{\varepsilon_0}$，但是當中其實有一半的電力線是從極化電荷發出來的。另一方面，電通線由於與極化電荷沒有關係，一直都是從中心電荷出發呈輻射狀發散，所以不會被切斷。

物理學是以「物理量」作為研究對象的學問。那麼物理量究竟是什麼呢？它的定義就是「具有一定基準，大小會是這個基準的倍數的某個量值」。比方說「溫度」是一種物理量，而「天氣很熱」並不是物理量。同時，一切物理量都定義了作為基準的大小值，也就是「單位」。對於一項物理量而言，單位是永遠需要考量的。像是在長度方面，就有傳統的單位「尺」、「寸」，英制的「碼」、「吋」等等。每個單位在制定時都會有其基準長度的訂定緣由，在此就先不談。不過，當表示相同物理量的好幾種單位混雜在一起的時候，就需要彼此進行換算，是非常麻煩的事。過去曾有過前例，使用英制單位的美國與使用公制單位的歐洲太空發展機構共同進行太空任務，結果發生了探測機撞毀在火星上的慘劇。因此，現在在「一種物理量就用單一單位」的號令下，大家開始轉換到由法國主導所制定的「國際單位制（SI）」上，而英國與美國雖不情願卻也照實遵從著。

　　SI 制是以十八世紀訂定的「公制法」作為基礎，長度單位為「公尺」[m]、時間單位為「秒」[s]、質量單位為「公斤」[kg]。在我們周遭也可以看到轉換為國際單位制的跡象。近來表示食品熱量的單位「卡」[cal] 轉為「焦耳」[J]；汽車馬力從「公制馬力」[PS] 轉為「千瓦」[kW]；還有氣壓單位從毫巴 [mbar] 轉為「百帕」[hPa] 也是其中一環。說不定哪一天，用來表示披薩與牛仔褲尺寸的「吋」也會被禁掉不用呢（笑）。

　　接下來談談「組合單位」。比如說速度是每單位時間內前進的距離，因此將距離 [m] 除以時間 [s] 就可以得到。這時，單位的計算也同樣是用長度單位除以時間單位。因此速度的單位就為 [m] / [s]＝[m/s] 了。像這樣將基本單位組合起來所建構的單位就稱為「組合單位」。組合單位多半也會被取一個名字，像力量單位是由 $[kgm/s^2]$ 組合而成，它就被取作「牛頓」[N]。在電磁學的領域，只要將 [m]、[kg]、[s] 再加上一個電磁學的基本單位，就能夠組合出在電磁學當中出現的所有物理量，而 SI 制是採用「安培」[A] 作為電磁學基本單位。這就是稱作「MKSA 單位系統」的現代電磁學標準單位系統了。

再來有一個非常重要的重點。對於任何物理量而言，表示這個量值的基本單位必定只有一種組合方式※，這稱為物理量的「因次」。我們舉個例子。在SI單位系統中，能量是以「焦耳」[J] 這個單位來表示。而根據在力學中學到的功能定理，能量可以用「力」[N]×「推進距離」[m] 來計算。由於兩邊都是表示能量，因此我們說 [J] 與 [N·m]「具有相同因次」。再來，由於 [N] 是由 [kgm/s²] 所組合而成的單位，將它們合併起來，我們就可以知道單位 [J] 是由 [kg·m²/s²] 組合而成。我們再看看由別的公式所求出來的能量，比如說重力位能 $U = mgh$ 的因次。m 為質量 [kg]、g 為重力加速度 [m/s²]、h 為高度 [m]，因此其因次依然是 [kg·m²/s²]。這世界上任何的能量，都可以分解為 [kg·m²/s²]，這就是物理量因次所代表的意含。大家都知道愛因斯坦的有名公式 $E = mc^2$，右邊的因次想必也是 [kg·m²/s²] 囉？

然後，物理量因次有兩項重要的規則，那就是

1.等式兩邊必須為相同因次的物理量
2.因次不同的物理量不能彼此互加或互減

我們無法定義等於 1m 的質量，也不能把 1kg 與 1 秒加起來。運用這些規則，我們來決定MKSA單位制底下的真空電容率 ε_0 吧。庫侖定律是

$$F = \frac{1}{4\pi\varepsilon_0} \frac{q_1 q_2}{r^2}$$

左邊的因次為 [N]，則右邊的因次也要是 [N]，因此 ε_0 的因次就可以確定為 [C²/（N·m²）]。這時像 4、π 等都是沒有因次的量，因此可以忽略。如果要再將它以 [m][kg][s][A] 來表示，就會變成 [A²·s⁴/（kg·m³）]，其中的過程就留給讀者當作習題了。不過一般來說，真空電容率的單位都會設為 [F/m]。這裡的 [F] 就是前面講過的電容器的容量單位，具有 [C/V] 的因次。當然，若將 [F/m]＝[C/（V·m）] 拆解開來，就會得到 [A²·s⁴/（kg·m³）]。

在本章我們學到，高斯定律是表示「被某封閉曲面包圍的電荷量 Q[C] 就等於從這封閉曲面穿出的電通量 Φ_e」的定律。根據以上因次的規則我們也可以知道，

※ SI 制的基本單位被定為 [m] [kg] [s] [A] [K] [cd] [mol] 這七種。

電通量 Φ_e 的因次必定要為 [C]。另一方面,電通密度 $\vec{D}$ 是由 $\varepsilon_0\vec{E}$ 決定、電通量是電通密度乘上面積 $A[\mathrm{m}^2]$,因此

- 根據 $\vec{F}=q\vec{E}$,$\vec{E}$ 的因次就為 [N/C]
- $\varepsilon_0\vec{E}$ 的因次是 [N/C]・[C²/（N・m²）]=[C/m²]
- $\Phi_e=\vec{D}\cdot\vec{A}$ 的因次是 [C/m²]・[m²]=[C]

可以看出它們都遵守因次的規則。像這樣從因次的角度來分析物理量,我們稱作「因次分析」。因次分析不只用在電磁學而已,它對於物理學是普遍而有用的強力工具。舉個簡單的例子,假設單擺的週期可以表示成以下公式:

$$T = 2\pi\sqrt{\frac{g}{l}}$$

T:單擺的週期 [s]

l:單擺的長度 [m]

g:重力加速度 [m/s²]

其實這個公式是錯的。但是哪裡錯了呢?我們可以用因次分析找出來。觀察式子右邊的因次,忽略 2π,就得到 $\sqrt{\dfrac{[\mathrm{m/s}^2]}{[\mathrm{m}]}}=\dfrac{1}{[\mathrm{s}]}$。而式子左邊的因次為 [s],所以得到左右兩邊的因次並不相同。像這樣,利用因次分析,可以大幅減少計算的失誤,還有機會從數學式當中洞察出新的法則。過去國際物理奧林匹克(IPhO07)曾經出過一道題目,要參賽者利用因次分析作工具解釋黑洞的「事件視界」與「霍金輻射」。因次分析可以讓這些包含廣義相對論的難解概念的題目,變成高中生也能解答的問題。

　附帶一提,單擺公式的正確形式應該是

$$T = 2\pi\sqrt{\frac{l}{g}}$$

　　至今人們已知的元素約有 110 種。從鈾（原子序 92）之後，原子序更高的元素全都是人工合成的，沒有人知道原子序將可以高到什麼地步。原子序就是一個原子所具有的電子數量，電子在原子核周遭，像洋蔥一般層層包圍的軌道上旋轉，這就稱為原子的「殼」。殼層會隨著電子數量的增加而增加，但是在任何情況下，最外層的殼都一定只能放入最多 8 個（氫、氦為 2 個）電子（飽和）。將這些元素規則統整起來的圖表就是「週期表」，最外層電子數量相同的元素會排成一直排（參照 96 頁的表 3.2）。原子在最外層電子完全飽和的情況下是最為穩定的，當情況不是如此時，則會為了形成穩定的殼層而積極行動，這就是「化學反應」了。

　　在化學世界中被歸類為「金屬」的元素種類，最外殼的電子只有稀少的一到兩個。這樣的元素最適合放出最外殼電子，使次一內側軌道上的電子成為飽和的狀態。因此當聚集了很多金屬元素時，互相放出的電子會在原子之間移動，像是膠水一般將原子彼此黏接起來，這就是「金屬鍵」。由於其電子不屬於特定的原子而能自由行動，從電磁學的角度來看，它們就屬於「導體」。

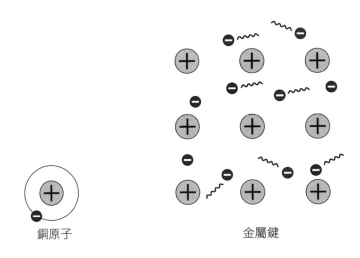

銅原子　　　　　　　　　　　　金屬鍵

✚ 圖 3.12　金屬鍵

　　那麼電子比 8 個稍微少一些的物質又會如何呢？最簡單的辦法就是使原子兩兩成雙，相互借用一個電子使得合計為 8 個，這就叫「共價鍵」。碳、矽等元素的最

外殼電子剛好有 4 個，這樣不上不下的元素反而可以做出各式各樣的鍵結。構成我們身體的物質能夠將碳元素化為骨骼，據悉就是巧妙地運用了碳元素能夠達成各式各樣的鍵結狀態，以及能利用種類很少的材料創造出各式各樣物質的性質。以共價鍵結合的原子不會丟出電子，因此我們稱之為「絕緣體」。

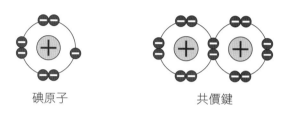

碘原子　　　　　　　　　共價鍵

🔾 圖 3.13　共價鍵

週期表最右邊的原子，由於本身就擁有 8 個（氦為 2 個）最外層電子，因此不需要化學鍵結就很穩定了。反過來說正因為如此，我們很難利用化學反應來採集、提煉它們，過去要蒐集它們相當花功夫，因此這些元素就被稱為「稀有氣體」。而因為其不易起化學反應，也稱為「惰性氣體」。

如果週期表最左邊、電子只多出 1 個的元素，與最右邊倒數第二排、電子只少了一個的元素碰在一起會如何呢？左側元素會給右側元素一個電子而使最外層成為 8 個，右側元素也會收取一個電子而成為 8 個，成為皆大歡喜的狀態。接著，放出電子的元素多出了正電荷、接收電子的元素多出了負電荷，它們自然就會因為庫侖力而彼此相吸，形成堅固的鍵結，這就是「離子鍵」。以離子鍵所合成的物體，一般都會稱為「鹽」。當然，氯化鈉就是鹽的主要成分。

離子鍵的有趣之處在於，當它們被放進水等液體當中時，鍵結就會被打斷，分解成帶有正電荷的元素與帶有負電荷的元素。也就是說，離子鍵所構成的物質會溶於水（也有些不易溶解）。那麼，鹽溶於水之後是什麼樣的狀態呢？帶有正電荷的元素與帶有負電荷的元素會以水作為媒質自由活動，我們分別稱之為「正離子」、「負離子」。溶於水中的離子若加上外部電場就會受到庫侖力，彼此往相反的方向移動。也就是說，有離子溶進去的水溶液也是導體。在電池、乾電池等利用化學反應來產生電力的裝置當中，這個離子扮演著相當重要的角色。雖然名為「乾電池」，但其實內部是濕的。在漫畫或電影當中常可看到洗澡時有電器突然掉進浴缸造成觸電的情節，這反而是因為洗澡水不是純水而有離子溶進去才會成立。純粹的純水是幾乎不會讓電流通過的。

表 3.2 元素週期表

族周期	IA 1	IIA 2	IIIB 3	IVB 4	VB 5	VIB 6	VIIB 7	VIIIB 8	VIIIB 9	VIIIB 10	IB 11	IIB 12	IIIA 13	IVA 14	VA 15	VIA 16	VIIA 17	VIIIA 18
1	1 H 氫																	2 He 氦
2	3 Li 鋰	4 Be 鈹											5 B 硼	6 C 碳	7 N 氮	8 O 氧	9 F 氟	10 Ne 氖
3	11 Na 鈉	12 Mg 鎂											13 Al 鋁	14 Si 矽	15 P 磷	16 S 硫	17 Cl 氯	18 Ar 氬
4	19 K 鉀	20 Ca 鈣	21 Sc 鈧	22 Ti 鈦	23 V 釩	24 Cr 鉻	25 Mn 錳	26 Fe 鐵	27 Co 鈷	28 Ni 鎳	29 Cu 銅	30 Zn 鋅	31 Ga 鎵	32 Ge 鍺	33 As 砷	34 Se 硒	35 Br 溴	36 Kr 氪
5	37 Rb 銣	38 Sr 鍶	39 Y 釔	40 Zr 鋯	41 Nb 鈮	42 Mo 鉬	43 Tc 鎝	44 Ru 釕	45 Rh 銠	46 Pd 鈀	47 Ag 銀	48 Cd 鎘	49 In 銦	50 Sn 錫	51 Sb 銻	52 Te 碲	53 I 碘	54 Xe 氙
6	55 Cs 銫	56 Ba 鋇	57~71	72 Hf 鉿	73 Ta 鉭	74 W 鎢	75 Re 錸	76 Os 鋨	77 Ir 銥	78 Pt 鉑	79 Au 金	80 Hg 汞	81 Tl 鉈	82 Pb 鉛	83 Bi 鉍	84 Po 釙	85 At 砈	86 Rn 氡
7	87 Fr 鍅	88 Ra 鐳	89~103	104 Rf 鑪	105 Db 𨧀	106 Sg 𨭎	107 Bh 𨨏	108 Hs 𨭆	109 Mt 䥑	110 Ds 鐽	111 Rg 錀	112	113					

鑭系元素：57 La 鑭 · 58 Ce 鈰 · 59 Pr 鐠 · 60 Nd 釹 · 61 Pm 鉕 · 62 Sm 釤 · 63 Eu 銪 · 64 Gd 釓 · 65 Tb 鋱 · 66 Dy 鏑 · 67 Ho 鈥 · 68 Er 鉺 · 69 Tm 銩 · 70 Yb 鐿 · 71 Lu 鎦

錒系元素：89 Ac 錒 · 90 Th 釷 · 91 Pa 鏷 · 92 U 鈾 · 93 Np 錼 · 94 Pu 鈽 · 95 Am 鋂 · 96 Cm 鋦 · 97 Bk 鉳 · 98 Cf 鉲 · 99 Es 鑀 · 100 Fm 鐨 · 101 Md 鍆 · 102 No 鍩 · 103 Lr 鐒

圖例：
- 鹼金屬
- 鹼土金屬
- 非金屬
- 過渡金屬
- 類金屬
- 稀有氣體（惰性氣體）

第 4 章

電流與磁場

那個，我有件正經事要跟妳談。

我才不是要跟妳求婚咧！

妳在學誰啊！

這麼突然就跟我告白，要結婚還太早了呀～

對不起！

咦？

鞠躬

我那天有看到喔…！

妳啊…

呀

扭來扭去

!!

討厭啦～都被你看光了，我嫁不出去了啦～

你要負起責任～

妳這是要結婚還不結婚啊！

啊！根本完全離題了啦！

我看到妳做的實驗了。

那爆炸還真是驚人…

……

那個該不會是…在做什麼武器研發吧？

…沒錯，

你看到的就是磁軌砲（railgun）。

呃…

我的最終目的是要做出行星破壞兵器！

然後用它來征服世界！

死星！？

這哪～有可能啊？

咦咦咦

咦咦咦

到底是怎樣啦！

哇

這也就表示我教課可不會放水唷。

這次我們要講電流與磁場。

電跟磁終於要一起登場啦。

首先，所謂的電流就是電荷的流動，

單位為 A（安培）。

A

安培

移動的電荷

面 S

電流的定義

我們計算一秒內通過這裡（面 S）的正電荷數量，

當它為 1C（庫侖）時，流過導線的電流就為 1A（安培）。

電流較大，就表示有更多電荷流動的意思吧。

咖喳

接下來，我們來看更一般性的狀況。

就如同電通密度向量 $\vec{D}$ 那樣，我們來看看「電流密度向量」$\vec{i}$。

你發現重點了！

電通量 Φ_e [C]　電通密度 $\vec{D}$ [C/m²]
電流 I [A]　　　電流密度 $\vec{i}$ [A/m²]

※請參考「3.1　電通密度」

電流密度向量場

電流密度的單位為 [A/m²]，

它表示在某個區域上，每 1m² 的電流量大小。

跟電通量很像耶。

所以，電流可以看作是「通過某個面的電流密度向量的總和」。

這樣一一對應起來，真好懂耶！

如此一來，電荷無論怎麼運動，都可以表示為電流唷。

電流方向

流經導線的電流示意圖

實際流動的是電子，而且其運動方式是曲曲折折的。圖中小點代表作為障礙物的原子核示意圖，實際來說電子會遠比原子核更小。

電流方向與電子的流動方向是相反的，這你知道吧？

我聽過解釋說，電流是正電荷的流動方向，

而電子屬於負的電荷，才會造成這樣。

真是牽強的理由呢。電流的方向是由班傑明・富蘭克林所訂定，

後來人們才知道電子的流動方向是相反的，

但是這時已經改不過來了。話說這決定的機率是一半一半呢…

他的籤運還真是不好…

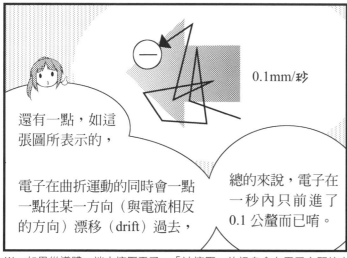

0.1mm/秒

還有一點，如這張圖所表示的，

電子在曲折運動的同時會一點一點往某一方向（與電流相反的方向）漂移（drift）過去，

總的來說，電子在一秒內只前進了0.1 公釐而已唷。

我還以為電子的速度跟光一樣快，沒想到原來這麼慢呀。※

※　如果從導體一端去擠壓電子，「被擠壓」的訊息會在電子之間接力傳遞而以光速前進。

← 電子

電子之所以會慢，是因爲它一面衝撞著原子一面前進的關係。

原來如此，好像障礙賽跑一樣啊。

因此要讓電流持續流動，必須從一個方向持續推動電子才行。

障礙賽跑中

推動電子？

要怎麼作呢？

賦予電荷力量的是電場唷。

當電流流動的時候，導線中就存在著電場。

「歐姆定律」

$$\vec{i} = \sigma\vec{E}$$

$\vec{i}$ 電流密度 [A/m^2]

σ 電導率
（物質固有的常數）[s/m]

$\vec{E}$ 電場 [v/m]

這就是「**歐姆定律**」。

德國物理學家格奧爾格·西蒙·歐姆發現電流密度與電場之間具有這樣的關係。

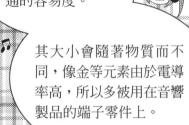

電導率就是電流流通的容易度。

其大小會隨著物質而不同，像金等元素由於電導率高，所以多被用在音響製品的端子零件上。

我還以爲耳機接頭要鍍金只是爲了要帥而已。

那接下來我們要來談磁場。

[磁鐵的性質]

· 磁鐵一定有 N 極與 S 極兩種磁極
· N 極對 N 極、S 極對 S 極會互相排斥、N 極與 S 極會互相吸引
· 將磁鐵切成兩半，各自又會變成具有 N 極與 S 極的磁鐵。也就是說我們無法單獨取出 N 或 S
· 磁鐵間的影響力也和庫侖定律一樣，遵守平方反比定律

磁鐵的性質從西元前就已經為人類所知，但是「為何會如此」，長期以來一直是個謎。

這樣一看，磁力跟電荷之間的作用力還真像耶。

想必你也覺得跟庫侖力一模一樣吧？

所以人們總覺得應該會有相當於「電荷」的、可以分為 N 或 S 的「磁荷」存在才對，

可是無論怎麼做，卻都無法將 N 與 S 分離開來。

決定性的差異就在這裡啊…

在克魯克斯管（又稱
陰極射線管）當中發
亮的可見線條，

就是稱為陰極射
線的電子流。

暗

啪

到了十九世紀，人們發現
磁鐵產生的磁場會對電荷
造成影響。

喔喔，彎曲了耶。

唆

這彎曲的現象，就是
電子受到磁場來的作
用力的證據。

我們稱之為「勞
倫茲力」※。

請注意，由於磁場是從N極走向 S
極，電子的彎曲方向會跟磁場方向
垂直。

N

[磁場的性質]
・從磁鐵的磁極會發出磁場 $\vec{B}$
・磁場是從磁鐵的N極發出、向著 S 極的向量
・位於磁場中、具有電荷 q 的帶電粒子，會受到與其運動
　方向垂直的力 $\vec{F}$

※亨德里克・勞倫茲（Hendrik Antoon Lorentz），荷蘭物理學家。

勞倫茲力 $\vec{F}$ 是怎麼訂定的？

受到力 $\vec{F}$

$$\vec{F} = 8\vec{v} \times \vec{B}$$

$\vec{F}$ 力 [N]
8 電荷 [C]
$\vec{v}$ 帶電粒子的速度 [m/s]
$\vec{B}$ 磁場 [T]

帶電粒子所受到的力 $\vec{F}$ 與磁場 $\vec{B}$、速度 $\vec{v}$ 的關係就是像這樣。

由於它們會形成「**外積**」（參照附錄），力與磁場和運動方向都會呈直角。

如果電荷速度為零，就不會受到磁場的力了。

這也是透露磁力真相的一條線索唷。

原來如此…

※磁場 $\vec{B}$ 的單位為 [T]（特斯拉）。但是由於磁通量的單位為 [WB]（韋伯），有時磁場也寫作 [Wb/m^2]。

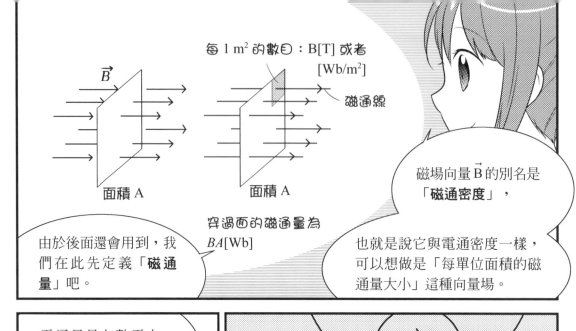

每 1 m² 的數目：B[T] 或者 [Wb/m²]

$\vec{B}$

磁通線

面積 A

面積 A

穿過面的磁通量為 BA[Wb]

磁場向量 $\vec{B}$ 的別名是「**磁通密度**」，

由於後面還會用到，我們在此先定義「**磁通量**」吧。

也就是說它與電通密度一樣，可以想做是「每單位面積的磁通量大小」這種向量場。

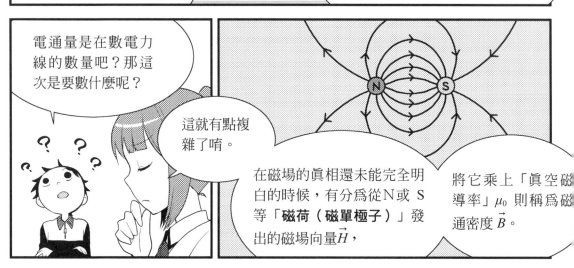

電通量是在數電力線的數量吧？那這次是要數什麼呢？

這就有點複雜了唷。

在磁場的眞相還未能完全明白的時候，有分爲從N或 S 等「**磁荷（磁單極子）**」發出的磁場向量 $\vec{H}$，

將它乘上「眞空磁導率」μ_0 則稱爲磁通密度 $\vec{B}$。

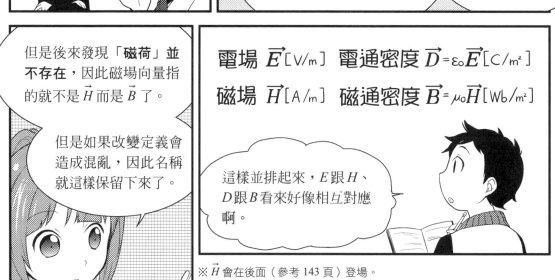

但是後來發現「**磁荷**」並**不存在**，因此磁場向量指的就不是 $\vec{H}$ 而是 $\vec{B}$ 了。

但是如果改變定義會造成混亂，因此名稱就這樣保留下來了。

電場 $\vec{E}$[V/m] 　電通密度 $\vec{D}=\varepsilon_0\vec{E}$[C/m²]

磁場 $\vec{H}$[A/m] 　磁通密度 $\vec{B}=\mu_0\vec{H}$[Wb/m²]

這樣並排起來，E 跟 H、D 跟 B 看來好像相互對應啊。

※$\vec{H}$會在後面（參考 143 頁）登場。

4.4 電流與磁場

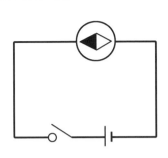

奧斯特的實驗

依靠當時的知識與「對稱性論證」，依然難以預測指南針會轉動。

當有電流流經時，指南針會轉動，

這也就表示電流與磁鐵一樣會產生磁場，

旋轉

這個現象是由丹麥物理學家漢斯・奧斯特（Hans Ørsted）於 1820 年發現的。

這就是電磁鐵的原理吧？

是呀。在此之前，電的學問與磁的學問都是獨立分開發展，

卻透過電流將二者連結在一起了。

電

磁

我們一開始說過，電流是電子的流動對吧？

嗯嗯。

換句話說，磁場會自電荷的流動產生。

磁場是「移動電荷間相互影響的力」，

這是我們得出的結論。

那，磁鐵的磁場又是怎麼產生出來的呢？

磁鐵的磁場也是由電流產生的唷。

可是它根本沒有什麼電流流過呀。

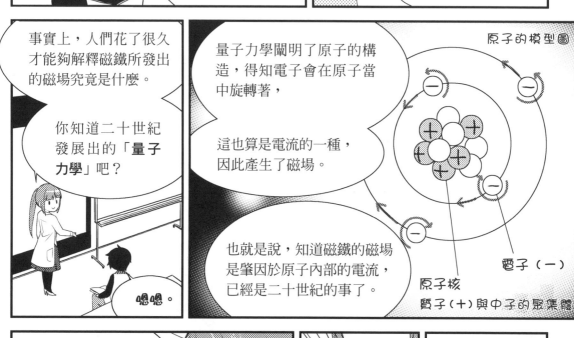

事實上，人們花了很久才能夠解釋磁鐵所發出的磁場究竟是什麼。

你知道二十世紀發展出的「**量子力學**」吧？

嗯嗯。

量子力學闡明了原子的構造，得知電子會在原子當中旋轉著，

這也算是電流的一種，因此產生了磁場。

也就是說，知道磁鐵的磁場是肇因於原子內部的電流，已經是二十世紀的事了。

原子的模型圖

電子（一）

原子核
質子（十）與中子的聚集體

原來要解開磁鐵的謎題，花了這麼久的時間呀。

結論就是，這個世界上並沒有「磁荷」這種東西。

「所有的磁場都是由電流所造成」。

你要不要把這幅字掛在茶室裡？

不要，就跟妳說沒有了。

由 所

成 都 是

follow up

⊕⊖ 電子漂移與電流

　　我們來具體計算一下流經導體的電流速度究竟有多快。現在為了想像方便，假設導體的截面積剛好是 1m²。導體中塞滿了自由電子，設其密度為 n [m⁻³]，平均漂移速度為 v_d[m/s]。電子的電荷量設為 $-e$（-1.6×10^{-19}C），則對於垂直於電流方向的 1m² 剖面而言，每秒通過的電荷量如圖 4.1 所示，可算出為 $-nev_d$。接下來若設導線的截面積為 A，則流經 A 的電流可由「通過 1m² 剖面的電流」×「導線的截面積」得出。用電子的漂移速度及電子密度來表示電流，就為

$$I = -nev_d A$$

每秒移動了這麼多

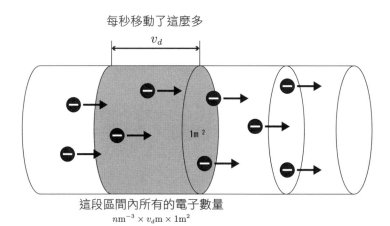

這段區間內所有的電子數量
$nm^{-3} \times v_d m \times 1m^2$

🔸 圖 4.1　在截面積為 1m² 的導線中移動的電荷與電流的關係

　　接下來我們代入具體的數值。假設導線的材料為銅、截面積為 1mm²。當有 1A 的電流流入時，電子的漂移速度會是多少呢？銅的電子密度 n 約莫為 8.5×10^{28}m⁻³。將 e 代入計算得到 $v_d = 7.4 \times 10^{-5}$m/s。速度低於每秒 0.1 公釐，差不多是細菌等級的速度。這樣你就知道它有多慢了。

另一方面要注意到，現在計算的是電子集體平均的「漂移速度」。先前我們講過，電子在導體中會隨機隨性地運動，同時還會衝撞著原子反彈回來（參照 103 頁）。這時電子的速度稱為「費米速度」，這個速度就相當地快，可達到每秒數千公尺，差不多是光速的 1%。但是就如漫畫中安藤所講的，它也還沒到達「光的速度」。那麼怎麼樣才是「光的速度」呢？

現在我們設想有一種遊戲：有一根長長的棒子，你要在棒子這一端推動它，而另一端的人當看到棒子震動時就要舉起旗子。你可能會期待推動的瞬間，夥伴就會舉起旗子，但其實無論你推得多快都是不可能的。就算你使盡全力去推，其效果也不可能超越棒子所傳遞的音速，它的大小在典型的固體材料大概是每秒一千公尺的程度。

音波
（～千 m/s）

🔹圖 4.2 「推動」棒子的訊號只能以音速傳遞

我們用導線與電荷來做同樣的事。當有一個電子從導體一端進去時，另一端就會有一個電子飛出去。這中間是由電子一個個依序推擠相鄰電子傳遞過去，其效應的傳遞速度是電場的波速，也就是電磁波的速度。在本書最後會講到，電磁波的速度與光速一樣是每秒 30 萬公尺。從這個意義來說，安藤說的非常正確。

在本書所定義的歐姆定律是

$$\vec{i} = \sigma \vec{E}$$

$\vec{i}$：電流密度 [A/m²]

σ：電導率（物質固有的常數）[S/m]

$\vec{E}$：電場 [V/m]

與大家高中時所學的並不一樣。但是這個其實才是歐姆眞正發現的定律，高中所學的只是其應用的例子之一而已。在高中時我們學到的是「電阻器的電阻値爲 R，當給予電位差 V 時，其流通電流爲 I」。那麼，原始的歐姆定律跟高中版本究竟有什麼樣的關係呢？

假設有電阻器如圖 4.3 一般，由適當的低電導率物質（如碳粉）固結成型，其兩端接上導體的端子。當電阻器兩端受到電位差 V 時，會有電流 I 流通。而它們之間具有這樣的關係：

$$V = IR$$

V：電極間的電位差 [V]

I：電阻器所流經的電流 [A]

R：電阻値 [Ω]

電阻器兩端的電位差 V[V] 與流經電流 I[A] 的比例 R，我們稱爲「電阻」，其 [V/A] 的比例單位則稱爲 [Ω]。上面這是我們高中所學到的歐姆定律，現在我們要從物質常數——電導率 σ 來探討它。

假設一電阻器爲截面積 A、長度 L 的均勻導體。當兩端電極被給予電位差時，電阻器會產生均勻電場而有均勻的電流流通。根據電位 V 與電場 E 的關係，當電場均勻的時候，二者就具有 $E = V/L$ 的關係式。另一方面，電流密度則爲 $\vec{i} = I/A$。二者的方向很明顯都是沿著電阻軸線，因此可用純量來表示。將歐姆定律 $\vec{i} = \sigma \vec{E}$ 代入，就得到以下式子

$$\frac{I}{A} = \sigma \frac{V}{L}$$

移項後可得到

$$V = \frac{L}{\sigma A} I$$

在此若放入 $R = \frac{L}{\sigma A}$ [Ω]，我們確實可以導出較為大家所知的版本。

若進行因次分析，就可以知道電導率的因次為 [1/（Ωm）]。[Ω] 的倒數被取名為西門斯 [S]，電導率 σ 就以 [S/m] 這個單位來表示。另一方面，[S] = [Ω⁻¹] 則是相對較近期（1971 年）才定義出的單位，因此有些地方還是會寫成 [1/（Ωm）]。

在電導率 σ 方面，有時我們測量的是它的倒數：電阻率 ρ。ρ 也同樣是物質的常數，但它代表的是電流流通的困難程度。關係式為

$$\rho = \frac{1}{\sigma}$$

用電阻率來表示電阻器的電阻值就會是這樣

$$R = \frac{\rho L}{A}$$

電阻率的單位是電導率的倒數，自然就為 [Ωm]。

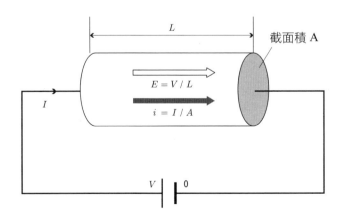

✤ 圖 4.3　電路中所使用的電阻器的概念圖

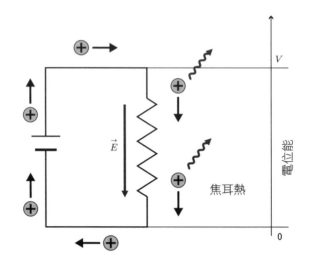

⚘ 圖 4.4　電場對電阻器所產生的功、能量與焦耳熱的關係

　　我們來探討一下，當電流通過具有電阻的導體時會發生什麼事吧。一個個
的電荷都會沿著電場而移動，換句話說，電場會對電荷作功，使之移動。要讓
電荷移動，爲何需要作功呢？這是因爲存在著摩擦力的關係。那麼，作功時喪
失的力學能究竟跑到哪裡去了呢？這一點我們只要想想在一平面上拖動鉛錘的
情況就很容易明白了。沒錯，功就是變成了熱能。再回過來看，當電流通過具
有電阻的導體時，就會產生熱。如此產生的熱，我們就特別稱爲「焦耳熱」。

　　接下來探討電壓、電流與焦耳熱的關係。現在假設有一電阻，兩端的電位
差爲 V，流經電流爲 I。這就等同於在時間 Δt 內，會有 $\Delta Q = I\Delta t$[C] 的電流流
入電阻，又從電阻中流出。電位差單位 [V] 的定義是「要使 1C 的電荷運動時，
電場所作的功到達 1 J 的位能差就爲 1 V」。因此在 Δt 間電場所作的功 ΔW 根
據電位差 V 的定義就爲

$$\Delta W = \Delta Q V$$

若換算爲每秒作的功就是

$$P = \frac{\triangle W}{\triangle t} = \frac{\triangle Q}{\triangle t} V = IV$$

也就是說，每秒內因爲電阻而變成熱的能量，就等於電壓 V 與電流 I 的乘積。這稱爲電阻的「消耗電功率」。既然消耗電功率與力學的功率：每秒所作的功是相等的，其單位自然就是 [W]（瓦特）了。感覺起來，瓦特這單位跟電力這邊的定義好像關係更密切呢，不是嗎？只要去電器行看看，任何家電用品上都必定會寫有消耗電功率。

電流、電壓與電阻合併運用時，消耗電功率 P 有幾種遵循歐姆定律的計算方式，寫成式子是這樣：

$$P = IV = \frac{V^2}{R} = I^2 R$$

V：電極間的電位差 [V]

I：流經電阻器的電流 [A]

R：電阻值 [Ω]

在我們日常生活中，常常能見到一種與電功率相似而意義不同的單位，那就是 [kWh]（千瓦小時）。因爲人們也會稱之爲「電力」，所以會造成混淆的麻煩（嚴格來說應該稱爲「電力量」，但是它被誤用的情況非常之多）。「瓦特」與「千瓦小時」的因次不同，[kWh] 含有能量的因次。1 kWh 就是消耗電功率 1 kW 的機器運轉 1 小時所消耗的電能。實值計算起來爲 3.6MJ。我們常在電視聽到「每天用了多少多少瓦」，這種誤用眞是讓人不知該從何吐槽起才好。正確的說法應該是「將 100W 的電力使用整整一天，其消耗的電力量爲 2.4kWh」。

step up

⊕⊖ 磁場的真面目

在本章漫畫中揭露出磁場的真面目就是「電流對電流的作用力」，但是各位真的這樣就了解了嗎？電流為什麼會對電流產生作用力呢？許多電磁學課本都是把它當作與庫侖力一樣的「本該如此」的現象來教，但是在此我們想要再更進一步。

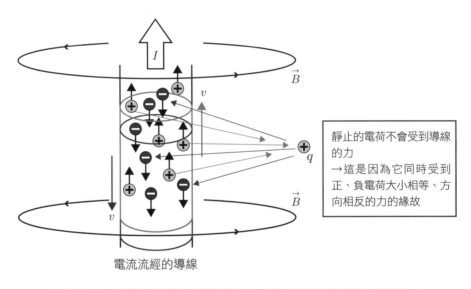

靜止的電荷不會受到導線的力
→這是因為它同時受到正、負電荷大小相等、方向相反的力的緣故

電流流經的導線

🔶 圖 4.5　被擺置在電流的帶電粒子。粒子不會受到來自導線的力

設如圖 4.5 所示，在電流流經的導線附近放置一個正電荷。在此為了便於講述，我們假設導線內具有正負等量的電荷存在，分別以方向相反的速度 v 流動。根據定義，電流的方向是由圖片下方往上方流。導線中所有電荷都會產生電場，但是由於正負電荷數量相同，合成起來使得導線外側的電場剛好為零。因此外部電荷並不會受力。

接下來讓電荷平行於電流以速度 v_0 來運動。由於導線外側具有電流所產生的磁場，電荷就會受到電流的引力 $\vec{F}$（$=q\vec{v_0}\times\vec{B}$），這是觀測到的事實。接

下來我們在與運動電荷相同速度的情況下來觀測現象。由於只是改變了觀測立場而已，「電荷受到電流的力」這個現象理當不會改變。但是這次從觀測者的角度來看，電荷是靜止的。在這種情況下，電荷怎麼會受到電場的力呢？

物理學當中有一條稱為「相對性原理」的信念，就是「物理現象無論從哪一個立場來看都會是一樣的」。就現在的例子而言，無論是靜止的人或是與電荷一同運動的人都看到「受電流吸引的帶電粒子」這個現象。但是與電荷一同運動的人卻沒辦法解釋其中的理由。是不是電磁學理論有了什麼缺陷呢？

瑞士伯恩專利局的職員在深入研究這個問題後發現了某件事實，於 1905 年以「論運動物體的電動力學」這麼一個語帶保留的題目發表了論文。這就是後來從根本改變了我們對所居住世界的理解、被稱為「狹義相對論」的嶄新理論。原來真正有問題的是我們判別「運動」或「靜止」等等的方式。

狹義相對論將「真空中的光速，無論誰來看都是恆久不變的」作為前提條件。愛因斯坦直覺地相信，無論是趨近的光或遠離的光，速度都不會改變，但現在這已是可觀測到的事實了。如果承認這一點，那就只能承認相對於自己在移動的物體，會往其運動方向收縮。這就稱為「勞倫茲收縮」[※]。當然，在我們的日常生活中是不會察覺到勞倫茲收縮的，它的效應要在運動速度趨近光速時才會顯著。

我們就用狹義相對論來認真探討現在這個運動電荷的問題吧。現在讓搭乘著運動電荷的觀測者看著導線。這時看起來導線中的正電荷理當會更加緩慢、負電荷會更加快速。勞倫茲收縮會隨著相對速度的增加而增強。寫成數學式子就是這樣。

正電荷
$$L'_+ = L\sqrt{1 - \left(\frac{v - v_0}{c}\right)^2}$$

負電荷
$$L'_- = L\sqrt{1 - \left(\frac{v + v_0}{c}\right)^2}$$

c：真空中的光速（3.0×10^8m/s）

※　如果狹義相對論是正確的，為何會產生勞倫茲收縮？這點希望大家研讀新田英雄監修、山本將史著的《世界第一簡單相對論》（世茂出版社，2012）。

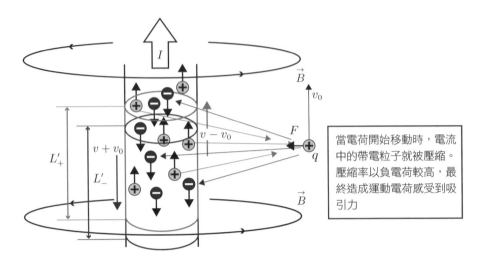

當電荷開始移動時，電流中的帶電粒子就被壓縮。壓縮率以負電荷較高，最終造成運動電荷感受到吸引力

◆ 圖 4.6　從運動電荷所觀察到的導線電荷密度。正、負電荷的勞倫茲收縮各為不同

　　與 c 比起來，$v \pm v_0$ 是小到無法比擬的數量，但是**並非為零**。由於電荷數沒有改變，對於觀測者來說，每單位體積內的電荷量看起來像是增加了。也就是說，從沿著電流方向運動的觀測者看起來，電流中的負電荷比正電荷來得多。因此電流中全體電荷所發出的電力線，負電荷所發出的比正電荷的還多，二者相減後，理當觀測出向著電流方向的電場。這個電場經過正確的計算，就正好與我們稱為「磁場」的量值，也就是 $B = \dfrac{\mu_0 I}{2\pi r}$（這個表示式在第 5 章會學）大小相等。

　　也就是說，我們稱為「磁場」的東西，經過狹義相對論闡明了，正是我們所居住這個神奇的世界中的電場。正如本書最前面所講的，電磁學是僅僅以電荷間吸引或排斥作為基礎所建構的理論。但是在此加上了狹義相對論的調味之後，還能夠用電場來說明磁場的存在。反過來說，如果狹義相對論的正確性被證明了，就不需要運動到趨近光速，只要單純地計算運動電荷的勞倫茲收縮即可。我記得當我在大學學到這項事實時，說得誇張點，對於整個世界的看法都起了重大的變化。

先前的解說（參考 112 頁）當中我們說過，流經導線的電子速度比 1mm/s 還慢。在這麼低的速度下還會顯現出相對論效應嗎？根據計算，勞倫茲收縮約莫為 $1/10^{24}$ 程度上，還比氫原子對太陽系的比例都小。這麼微小的變化還能夠讓電荷感受到正電荷與負電荷密度的差異，是因為包含導線在內的電荷非常龐大的緣故。請再一次回到第 2 章確認 1 庫侖的電荷間距離 1m 時的作用力、以及 $1cm^3$ 的銅塊究竟塞滿了多少電荷吧！

第 5 章

安培定律、磁性物質

実驗通知

●時間：○月Ｘ日（六）早上
●集合地點：學校校門
●攜帶物品：泳裝
　　　　　　錢（重要♥）
　　　　　　零錢至少準備 300 日圓！！

●遲到就受罰

她到底是想幹麼啊…

我是全部都帶齊了啦…

久等啦～！

根本是來玩的嘛！

好啦，
Let's go!

這邊跟實驗室的方向相反吧！？

在實驗前有些非做不可的事情唷！

抓

5.1　必歐－沙伐定律

※ $Id\vec{s}$ 就等同於表示運動帶電粒子的物理量 qv，也就是電流的最小單位，這點將在 follow up 中 作解説。

必歐與沙伐
（Biot and Savat）
苦心研究，

發現了「電流所產生的磁場，可以用電流片段產生磁場的疊加來表示」。

這就是**必歐－沙伐定律**。

喀嚓

疊加的意思是？

旋

轉

單一電流片段所創造的磁場，會相對於流動方向向右旋轉，

其強度在最側邊時最強，正面時則為零。

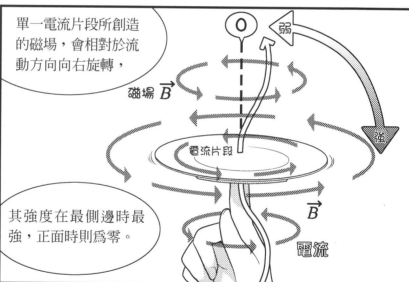

磁場 $\vec{B}$

弱

強

電流片段

$\vec{B}$

電流

像這樣，右手往磁場的方向握住時，電流就是往拇指的方向流動唷。

電流流向

$\vec{B}$

$\vec{B}$

$\vec{B}$

磁場方向

右手螺旋定則

名稱來自磁場旋轉方向與電流前進方向的關係

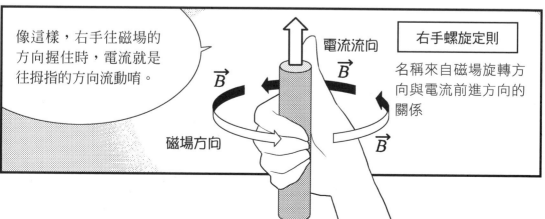

你想像一下這樣旋轉的盤子重疊在一起的樣子。

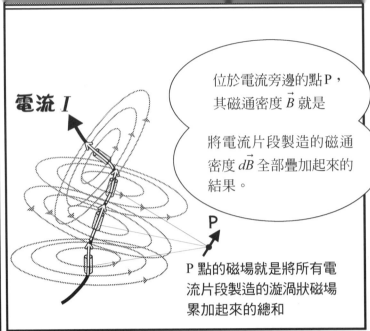

位於電流旁邊的點P，其磁通密度 $\vec{B}$ 就是

將電流片段製造的磁通密度 $d\vec{B}$ 全部疊加起來的結果。

P 點的磁場就是將所有電流片段製造的漩渦狀磁場累加起來的總和

迴轉壽司的記帳方式就是將各盤代表的金額加總起來…感覺就像是這樣耶。

5.2 安培定律

…這豈不是很像在約會嗎？

接下來我們要說明「安培定律」。

吃飽飯到公園休息…

完全不是這麼一回事…

因為它有點複雜，首先要建立個印象。

咚

假設把樹枝當作電流，旁邊就會產生磁場。

這些箭頭就當作是磁通密度 $\vec{B}$。

沿著向量場 $\vec{B}$ 的行進方向，一邊累加一邊環繞一圈，

這用專有名詞來稱呼，就是 $\vec{B}$ 的「**環場積分**[註]」。

無論路徑長什麼樣都沒關係，只要環繞一圈的同時，將各地點磁通密度 $\vec{B}$ 的行進方向分量加總起來，

這就會等於被你走過的路徑所圍起來的電流，再乘上一個常數 μ_0 的量。

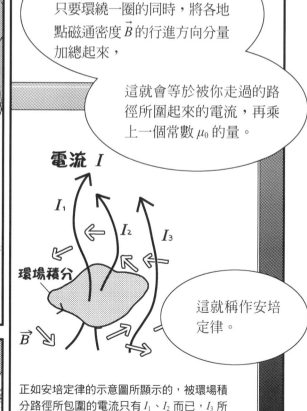

電流 I

I_1

I_2

I_3

環場積分

$\vec{B}$

這就稱作安培定律。

正如安培定律的示意圖所顯示的，被環場積分路徑所包圍的電流只有 I_1、I_2 而已，I_3 所製造的磁場對積分值完全沒有影響。

第 5 章　安培定律、磁性物質　**129**

審訂註：台灣的物理教科書稱為「安培環場積」。

越靠近電流，$\vec{B}$ 就越大，但是環繞一周的路徑就越短；

越遠離電流，$\vec{B}$ 就越小，但是環繞一周的路徑就越長…

原來如此，無論哪一條路得出的數字都會一樣啊。

弱但是長

強但是短

把它完整寫出來就是這樣。

啪

安培定律

「空間中沿著任意封密路徑對 $\vec{B}$ 做環場積分，
其大小就會等同於
被路徑所包圍的電流乘上真空磁導率 μ_0 的數值。
但是要設電流不隨時間變化」

※安培定律需要加上「電流不隨時間變化」條件的理由將會在 6.4 節「位移電流與安培定律的擴充」中作解說。

突然看到這個還真是摸不著頭緒呀。

安培定律與必歐－沙伐定律雖然看起來完全不同，

其實它們是一樣的意思唷※。

安培定律

必歐－沙伐定律

不要被我們的外表所騙了唷～！

※將在 follow up 中作證明

嗯～～

看起來就完全是不同的東西呀。

我的外表跟內在都很美麗哩～！

最後這也太破壞氣氛了吧…

5.3　向量場的旋度與安培定律的微分形式

壽司、

、公園，

現在又是游泳池…

OPOI！！

苦笑

哇一！

噗通

流動的游泳池就是向量場！

跟我來吧！

呃，這跟環場積分究竟有什麼關係啊？

好問題！

② 與水的接觸面逐漸偏移開來

① 一開始，水會從身體前方湧來

③ 在這裡，水會從背後湧來吧

對向量場作環場積分

當環繞一周時，水從我們前方流過來的時間，與從我們背後流過來的時間相減後不是應該為零嗎？

在穩定的向量場當中進行環場積分，其數值一定為零。

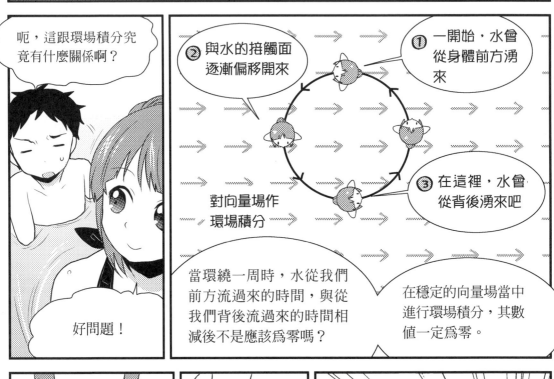

接下來要到

漩渦式泳池囉！

又來了！

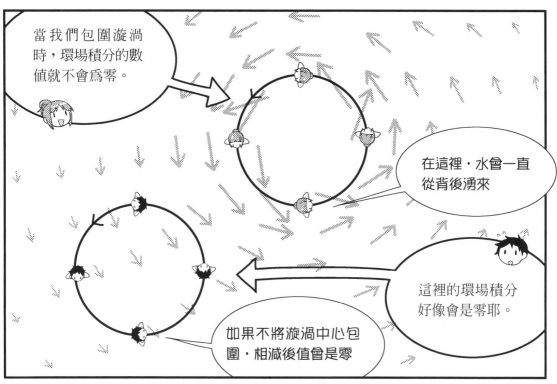

當我們包圍漩渦時，環場積分的數值就不會為零。

在這裡，水會一直從背後湧來

這裡的環場積分好像會是零耶。

如果不將漩渦中心包圍，相減後值會是零

對！

只要沒有包圍到漩渦的中心，積分值就都會是零。

物理學當中的「渦量（渦旋度）」，指的就是無論被再小的積分路徑包圍，環場積分的大小※都不會為零的點唷。

※正確來說，還要除以包圍面積。

呃，電流密度是什麼呀？

我們就來看看在向量場的漩渦被包圍的情況下，它與安培定律的關係吧。

首先要先來看電流密度向量場所產生的磁場…

在前面已經解釋過了吧？（參照4.1節）

電流密度 $[A/m^2]$ 就是電流除以導線截面積呀！

啊啊，我想起來了！

電磁學還真喜歡密度呀，電通量、磁通量也有密度。

電流密度向量場與極小圓道

環場積分

面積 ΔA

$\vec{i}$

$\vec{B}$

電流密度向量場的圖示就是向著電荷移動方向所畫出的箭頭。當然它們也會製造磁場。

在這邊我們考慮圍著電流密度向量 i 轉一圈、垂直來看所圍面積極小的一個面，沿著邊緣來計算 $\vec{B}$ 的環場積分吧。

電磁學真的很喜歡關注小地方耶。

接著，想像這個面積 ΔA 越來越小。

就跟高斯定律那時候類似吧？

是呀。那時是為了計算穿出的電通量，

這次則是要計算磁通量的渦量。

$$\frac{[\vec{B}\text{ 的環場積分值}]}{dA} = \mu_0 i$$

當面積縮到無限小時，環場積分的數值也會變小耶。

請注意式子右邊。

$$\frac{[\vec{B}\text{ 的環場積分值}]}{\Delta A} = \mu_0 i$$

$$\frac{[\vec{B}\text{ 的環場積分值}]}{dA} = \mu_0 i$$

右邊是電流密度乘上常數 μ_0…

…所以所圍面積無論再小，這個數值都是一樣的。

就是這樣。

向量 $\vec{B}$ 的旋度

這個「環場積分值除以積分路徑所圍面積」的值

就稱為「向量 $\vec{B}$ 的旋度」唷。

為什麼會叫做旋度呢？

磁場不是在電流四周環繞旋轉嗎？

就是來自這種形象囉。

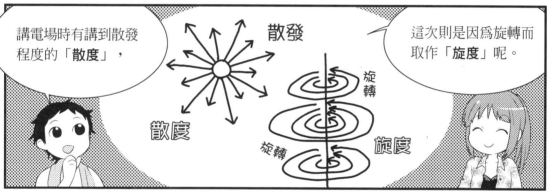

講電場時有講到散發程度的「**散度**」，

散發

散度

旋轉

旋轉

旋度

旋度

這次則是因為旋轉而取作「**旋度**」呢。

對函數微分所得出的數值不是稱作「**變化率**」嗎？

向量場的微分也是求取變化率的計算步驟唷。

「散度」和「旋度」都是為了得知向量場是用什麼方式在變化的計算值呀。

將「$\vec{B}$ 的旋度」寫作符號就是這樣。

唸法就爲「rotation $\vec{B}$」唷。

$$\mathrm{rot}\vec{B} = \mu_0\vec{i}$$

※rotation$\vec{B}$ 就是方向向著面的法線（也就是電流方向）的向量

這也會變成安培定律嗎？

《必歐－沙伐定律》

「電流所產生的磁場密度向量 $\vec{B}$，就是電流片段所產生磁場 $d\vec{B}$ 的疊加」

《安培定律（積分形式）》

「對磁場密度向量 $\vec{B}$ 作環場積分，就等於內部所包圍的[電流]$\times\mu_0$」

《安培定律（微分形式）》

「磁場密度向量 $\vec{B}$ 的旋度，就等於這一點上[電流密度]$\times\mu_0$」

是呀。前面一種是「積分形式」，後面一種是「微分形式」。這三種定律在數學上表示的是完全一樣的意義。

5.4　磁動量與物質的「磁化」

我是覺得妳也換得太誇張了點。

而且換換環境，可以保持心情新鮮好用功嘛！

游泳完肚子就餓了。

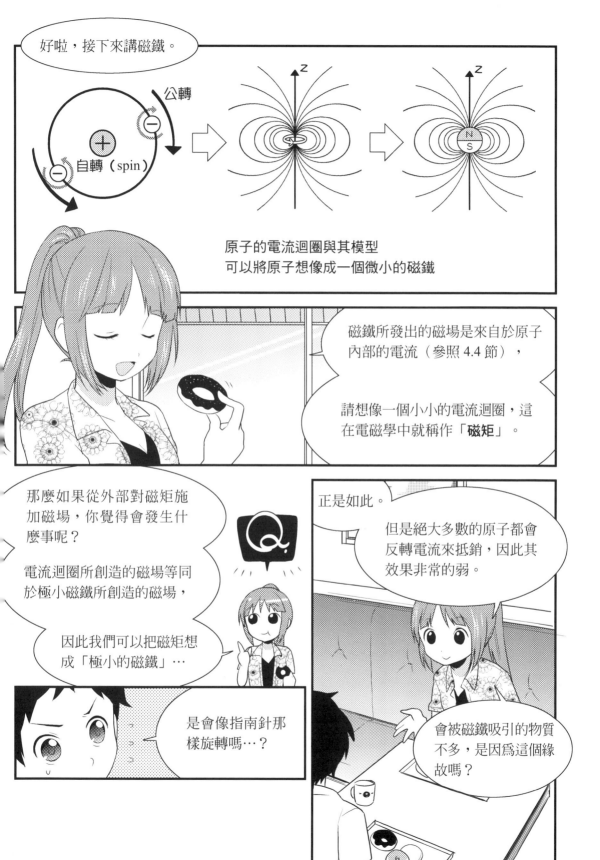

好啦，接下來講磁鐵。

公轉

自轉（spin）

原子的電流迴圈與其模型
可以將原子想像成一個微小的磁鐵

磁鐵所發出的磁場是來自於原子內部的電流（參照 4.4 節），

請想像一個小小的電流迴圈，這在電磁學中就稱作「**磁矩**」。

那麼如果從外部對磁矩施加磁場，你覺得會發生什麼事呢？

電流迴圈所創造的磁場等同於極小磁鐵所創造的磁場，

因此我們可以把磁矩想成「極小的磁鐵」…

Q

是會像指南針那樣旋轉嗎…？

正是如此。

但是絕大多數的原子都會反轉電流來抵銷，因此其效果非常的弱。

會被磁鐵吸引的物質不多，是因為這個緣故嗎？

是呀。

鐵、鎳等能夠被磁鐵吸引的物質，是因為它們有不成對的電子存在，

磁動量的強度強多了。

鐵
鎳

現在為了易懂起見，我們把物質視為微小磁鐵（原子磁鐵）的集合。

在討論被施以磁場的性質時，

我們把物質稱為「磁性物質」。

所以「磁性物質」指的不是某些特別的物質囉？

嗯，沒錯。

啪

磁性物質的磁化示意圖

$\vec{B}$

原本原子磁鐵是隨機地朝著各種方向，但由於施加了外部磁場，就把磁場的方向排列整齊了。

真像介電質的極化耶。

N 極　　　　S 極

你用功的成果展現出來了呢。

磁性物質被施以磁場時，兩端會出現 N 極與 S 極，

這就稱為「磁化」。

回想一下，物質的電的性質分為「導體」與「絕緣體」，

而在這裡，物質的磁的性質則分為三種唷。

物質根據磁的性質所作的分類

順磁性	磁化程度與外部磁場呈正比的物質。但是磁化程度偏弱，通常不會顯現出「會被磁鐵吸引」這樣明顯的磁鐵性質
鐵磁性	磁化程度特別強的磁性物質。其中某些種類還會呈現出稱為「磁滯現象（將在 149 頁詳述）」的特異性質
反磁性（又稱抗磁性）	磁化程度與外部磁場呈反比的物質。雖然與順磁性物質同樣不會顯現出明顯的磁鐵性質，但是可觀測到抗拒強力磁場的現象

竟然還有和外部磁場相反方向的磁化物質呀。

接下來我們來看埋藏在磁性物質中的電流。

前面我們有討論過埋藏在介電質裡的電荷對吧（參照 3.6 節）。

從電荷中發出的電場比在真空中還要弱，

…這是不是說，磁性物質所包圍的磁場也是如此呢？

啪

喀啦

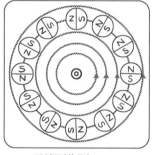

流經順磁性物質的電流，從正上方所看到的圖形

磁極模型　　　　電流模型

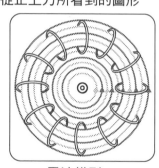

磁性物質產生的電場

電流產生的電場

電流所產生的磁場會將磁性物質給磁化，像是將磁鐵排列整齊一般。

磁矩的根源不就是電流嗎？

它就等同於環繞在甜甜圈表面上的電流，

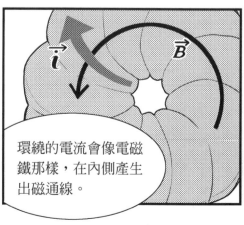

$\vec{i}$　　$\vec{B}$

環繞的電流會像電磁鐵那樣，在內側產生出磁通線。

所以說它會增加磁通線囉？

囉
囉

是呀。

$$\vec{B} = \vec{B}_{(\text{電流})} + \vec{B}_{(\text{磁化})}$$

電流原本產生的磁通線就要再加上磁化產生的磁通線了。

但是這樣一來，

安培定律
$$\text{rot}\vec{B} = \mu_0 \vec{i}$$

就無法成立，問題就來了。

所以，我們還需要作點對策。

「磁場強度」？好怪的名稱呀。

嗯
│
？

磁場強度 $\vec{H} = \dfrac{\vec{B}_{(\text{電流})}}{\mu_0}$

μ_0 真空磁導率

首先要定義「**磁場強度**」（又稱輔助磁場）這種向量，

它就是電流產生的磁場除以 μ_0。

磁場強度 $\vec{H} = \dfrac{\vec{B}_{(電流)}}{\mu_0}$

μ_0 **真空磁導率**

我也不喜歡這種稱呼…

不過它是有一番歷史脈絡才變成這樣的,沒辦法。

將眞空中磁通密度的式子轉換成這樣,

真空中 $\vec{B} = \mu_0 \vec{H}$

再加上磁性物質中因磁化所產生的磁場 $\vec{B}_{(磁化)}$,就變成這樣。

磁性物質中 $\vec{B} = \mu_0 \vec{H} + \vec{B}_{(磁化)}$

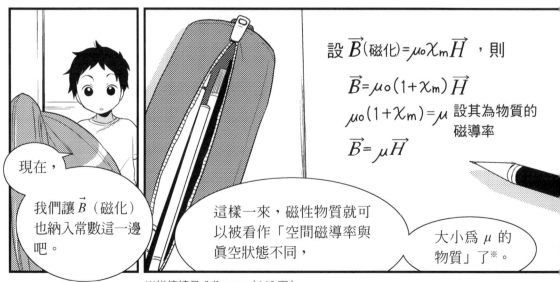

設 $\vec{B}_{(磁化)} = \mu_0 \chi_m \vec{H}$,則

$\vec{B} = \mu_0 (1 + \chi_m) \vec{H}$

$\mu_0 (1 + \chi_m) = \mu$ 設其為物質的磁導率

$\vec{B} = \mu \vec{H}$

現在,

我們讓 $\vec{B}_{(磁化)}$ 也納入常數這一邊吧。

這樣一來,磁性物質就可以被看作「空間磁導率與眞空狀態不同,

大小爲 μ 的物質」了※。

※詳情請見 follow up(165 頁)。

物質的磁導率與真空磁導率的比例稱為「相對磁導率」。

跟相對電容率的要訣一樣吧？

沒錯。另外，當相對磁導率數值比 1 小時，就表示這物質屬於反磁性。

就是往相反方向磁化囉？

代表性物質的相對磁導率[1]

物質名稱	相對磁導率	物質名稱	相對磁導率
鋁	1.00002	氧	1.00002
空氣	1.0000003	鎳	250 [2]
鉍	0.99983	純鐵	～5000 [2]
水	0.999991	透磁合金（permalloy）	～100000 [2]

[1] 出處：遠藤雅守等人、《高校と大學をつなぐ 穴埋め式 電磁氣學》講談社
[2] 雖然鐵磁性物質的相對磁導率並非常數，但是為了參考仍列出大小規模。

這裡舉幾個代表性的相對磁導率給你作參考。

鐵以下的還真是厲害呀！跟其他在 1 上下的物質比起來差這麼多！

純鐵	～5000

這就是鐵磁性物質才有的特色啦。

鐵會變成永久磁鐵，是因爲它是鐵磁性物質的關係嗎？

好問題！

你知道怎麼製作永久磁鐵嗎？

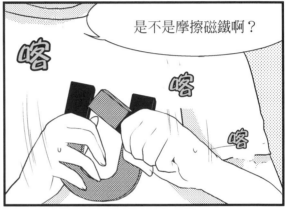

是不是摩擦磁鐵啊？

嗒

嗒

嗒

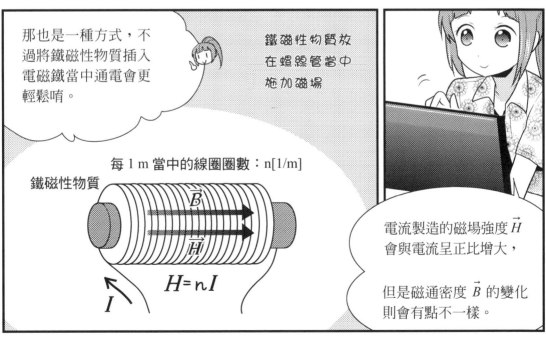

那也是一種方式，不過將鐵磁性物質插入電磁鐵當中通電會更輕鬆唷。

鐵磁性物質放在螺線管當中施加磁場

每 1 m 當中的線圈圈數：n[1/m]

鐵磁性物質

$$H = nI$$

$\vec{B}$

$\vec{H}$

I

電流製造的磁場強度 $\vec{H}$ 會與電流呈正比增大，

但是磁通密度 $\vec{B}$ 的變化則會有點不一樣。

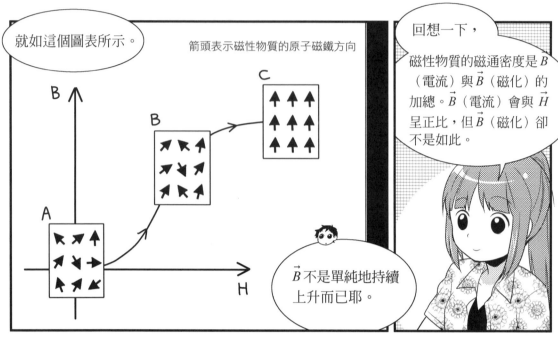

就如這個圖表所示。

箭頭表示磁性物質的原子磁鐵方向

回想一下，磁性物質的磁通密度是 B（電流）與 $\vec{B}$（磁化）的加總。$\vec{B}$（電流）會與 H 呈正比，但 $\vec{B}$（磁化）卻不是如此。

$\vec{B}$ 不是單純地持續上升而已耶。

一開始雖然討厭被磁化，

什麼覺醒啊…？

來嘛 來嘛 來嘛 來嘛

驚 隆 磁化!! 轟

不要啦～～～～

但是一旦覺醒了，馬上就會乖乖地磁化下去。

在 C 位置上，鐵磁性物質的原子磁鐵全都對齊外部磁場方向，

到了這一步就不能再繼續磁化下去了吧。

148

嗯嗯。

磁飽和

無論外部磁場 $\vec{H}$ 再怎樣繼續增強，磁性物質內部的 $\vec{B}$（磁化）也不會再增加了。

這種情況我們稱爲「磁飽和」。

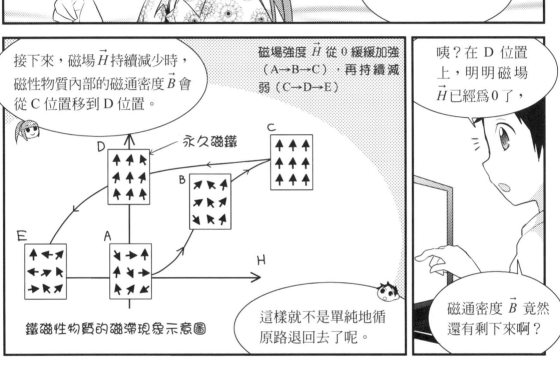

接下來，磁場 $\vec{H}$ 持續減少時，磁性物質內部的磁通密度 $\vec{B}$ 會從 C 位置移到 D 位置。

磁場強度 $\vec{H}$ 從 0 緩緩加強（A→B→C），再持續減弱（C→D→E）

咦？在 D 位置上，明明磁場 $\vec{H}$ 已經爲 0 了，

永久磁鐵

鐵磁性物質的磁滯現象示意圖

這樣就不是單純地循原路退回去了呢。

磁通密度 $\vec{B}$ 竟然還有剩下來啊？

眞機靈！

沒錯，在那裡即使沒有電流流通，物質也會發出磁通量，這也就表示它變成永久磁鐵了。

這就是永久磁鐵的製作原理。

這種磁化的變化過程我們稱爲「磁滯現象」，表示它一旦變過去了就很難再變回來的意思。

爲什麼…

5.6 磁軌砲的原理

磁軌砲，

別名「電磁砲」。

嗶

它是利用電磁力，將彈體
加速到超高速的裝置。

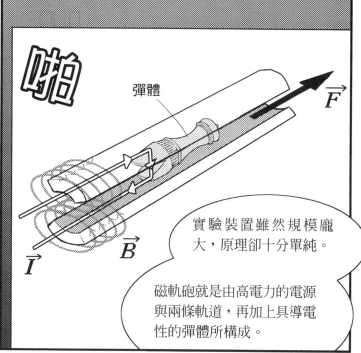

啪

彈體

$\vec{F}$

$\vec{I}$

$\vec{B}$

實驗裝置雖然規模龐
大，原理卻十分單純。

磁軌砲就是由高電力的電源
與兩條軌道，再加上具導電
性的彈體所構成。

所以才叫磁軌
砲嗎…？

軌道通過一去一回的電
流時，就會遵循右手螺
旋定則產生磁場。

這時彈體與軌道比較
起來，就可以看作是
非常小的電流片段。

回想一下勞倫茲力
（參照 4.3 節），

電荷 q 的帶電粒子會受
到與其運動方向呈直角
的勞倫茲力 $\vec{F}$

$$\vec{F} = q\vec{v} \times \vec{B}$$

$$\vec{F} = I\vec{ds} \times \vec{B}$$

可以將電流片段 $I\vec{ds}$ 視為運動的帶電粒子 $q\vec{v}$，因此就變成這樣。

※參照 5.1 節、follow up

你知道電流片段所受到的勞倫茲力是往什麼方向嗎？

它是 $I\vec{ds}$ 對 $\vec{B}$ 的外積，所以…

$\vec{F}$

就是從 $I\vec{ds}$ 向 $\vec{B}$ 握拳時拇指所指的方向吧（參照附錄 245 頁）？

答對了。

也就是說，力是向著將彈體擊出的方向作用的。

所以才有這樣的威力呀？

可不只是這樣而已呢。

好厲害呀⋯

一般使用火藥的砲，在理論上的極限為化學反應的速度，約為 1000m/s。

但是磁軌砲在理論上可以將彈體加速到次光速的程度。

這台實驗裝置如果真的要拼，也可以到達音速的 20 倍、也就是 7km/s 唷 ♡

席兒的想像圖

垂直貫穿軌道（砲身）的磁通量

彈體外側沒有磁通量

當有巨大電流流通時，軌道間所夾的空間會一瞬間產生大量的磁通線。

我們也可以利用磁通線的圖像概念來解釋磁軌砲的原理。

沉思　沉思

安藤的想像圖

沉思

回想一下電力線的法則，

由於磁通線之間會相互遠離，向各個方向施加壓力。

大吃大嚼

但是因為軌道不會動…

所以就只有彈體移動囉？

砰

當然，因為它也會對軌道施以強大的力量，

所以磁軌砲就要作成這樣堅固的構造才行。

這樣威力強大的大砲，

果然是要用作武器嗎？

你很失望嗎？

呃…

follow up

　　我們在解釋庫侖定律的時候，就有設想過型態最爲簡化的、沒有體積大小的「點電荷」。同樣地，在必歐－沙伐定律當中爲了計算電流之間的作用力，我們也要定義一種幾乎沒有體積大小的電流最小單位。這裡之所以寫「幾乎」，是因爲對於電流片段的定義而言，必須要有「沿電流流動方向所取的極微小長度」。那麼，我們來看看電流的最小單位是怎麼樣被定義的。

　　一開始，我們先考慮一個點電荷的情況。這個電荷 q 在磁場中以速度 $\vec{v}$ 移動的時候，勞倫茲力就與 $q\vec{v}$ 呈正比。由於電荷 q 也可以看作是表示「電荷在電場中所受到的力量大小」的量值，$q\vec{v}$ 就可以當作「電荷自磁場所受到的力量大小」，由此可定義出「電流片段」。也就是說，點電荷在靜止的時候具有電荷 q 這麼一個物理量，但是當開始移動時又多了 $q\vec{v}$ 這個物理量。由於點電荷是電荷的基本型態，上述很明顯可以稱作是電流最基本的型態。由於電荷的運動方向屬於向量，電流片段也因而爲向量。在這個階段，電流片段還沒有「長度」的概念。

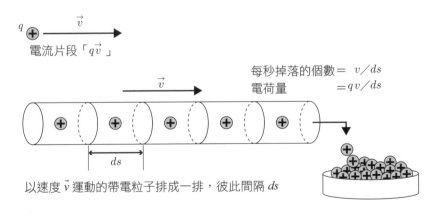

以速度 $\vec{v}$ 運動的帶電粒子排成一排，彼此間隔 ds

🔹 圖 5.1　運動電荷與電流片段的關係

接下來要證明流經導線的電流可以被分解爲電流片段，以 $I\vec{ds}$ 表示。我們假設導線當中有電荷 q 的粒子相隔非常短的 ds 距離排成一排，共同以速度 $\vec{v}$ 移動。這時我們知道，在某單位時間內通過導線的某個剖面的電荷量可以輕易計算爲 $\frac{qv}{ds}$。由於這正是電流的定義，所以可以得到 $I = \frac{qv}{ds}$。接著來看從電流切出一段長度 ds 的片段向量 $I\vec{ds}$。ds 就是方向順著電流走（也就是與 $\vec{v}$ 方向相同）、長度大小爲 ds 的向量。將 $I = \frac{qv}{ds}$ 移項後得到

$$Ids = qv$$

也就顯示出，「電流」×「電流方向上的微小長度」這個向量 $I\vec{ds}$ 就等於 $q\vec{v}$。如果 ds 十分微小，其區間本身就可以用一個點作爲代表，因此可以得證 $I\vec{ds}$ 就與運動電荷的物理量相同。也就是說，如同 $q\vec{v}$ 會受到磁場來的勞倫茲力，$I\vec{ds}$ 也會受到磁場來的力。

必歐與沙伐所發現的定律，可以表示成「電流片段 $I\vec{ds}$ 在自己四周所創造的磁場」。用式子來表示就是

$$d\vec{B} = \frac{\mu_0}{4\pi} \frac{I d\vec{s}}{r^2} \times \vec{e_r}$$

$\quad d\vec{B}$：電流片段在自己四周所製造的磁場 [T]

$\quad I\vec{ds}$：電流片段 [Am]

$\quad r$：對電流片段的距離 [m]

$\quad \vec{e_r}$：r 方向的單位向量

$\quad \mu_0$：眞空磁導率 [H/m]

磁場是電流片段沿著右手握拳方向旋轉的向量場，與距離的平方呈反比向外減弱。另外，$I\vec{ds}$ 與 $\vec{e_r}$ 的外積在電流片段的正側面時最大、在正面時爲零（參照245頁）。席兒用旋轉的盤子來比喻電流片段製造的磁場，但更正確的圖示會像圖 5.2 這樣。

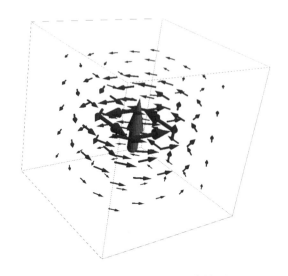

✚ 圖 5.2　電流片段所製造的磁場

　　既然必歐－沙伐定律與安培定律是等價的，它們也同樣具有「只能在穩態下才能成立」的限制。因此在探討必歐－沙伐定律時，就必須先探討「穩態電流當中的電流片段」。在圖 5.3 我們專注在無限長直導線當中的一段電流片段。根據先前的論證，只要把它當作一個運動電荷就好。在電流片段附近放置一個電荷量 q、以速度 $\vec{v}$ 移動的帶電粒子，則帶電粒子會受到這個電流片段一股

$$d\vec{F} = q\vec{v} \times d\vec{B}$$

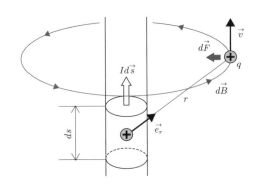

✚ 圖 5.3　單一電流片段所製造的磁場，與運動帶電粒子所受的力

的勞倫茲力。說到底,必歐與沙伐所發現的定律也可以說是「運動電荷與運動電荷間作用力的基本定律」。但是當時人們還不知道電流就是帶電粒子的流動,也不知道磁場是由運動電荷所生成的,勞倫茲的發現已經是後來的事了。必歐與沙伐是假設電流間的作用力也會遵守平方反比定律,據此才發現到,將電流分解成極小片段再套用平方反比定律,可與實驗相吻合。

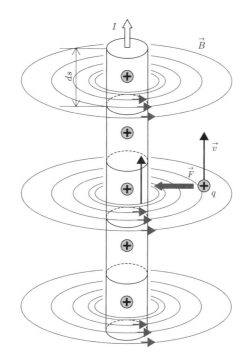

接下來我們來探討對於全體電流來說,在 q 點位置上製造的磁場。要求出構成電流的全體電流片段,其所製造的磁場總和 $\vec{B}$ 在 q 位置上的方向與大小會是如何,我們要沿著電流將必歐－沙伐定律積分起來。具體的計算會在 169 頁進行,但就圖像來說,$\vec{B}$ 會是繞著電流片段隊伍、以逆時鐘方向旋轉的向量場。同時,正在這位置上以速度 $\vec{v}$ 運動的電荷 q 所受到的力,可以用

$$\vec{F} = q\vec{v} \times \vec{B}$$

計算得出。

運用安培定律與「對稱性」的論證，我們就可以計算無限長直電流周遭的電場，以及平行擺設的兩條電流間的作用力。根據必歐－沙伐定律，磁場確實會環繞著電流生成。接下來則根據對稱性論證，可以得到以下兩點：

1. 磁場向量 $\vec{B}$ 的方向會順著以電流為中心的圓周方向
2. 對於半徑 r 而言，$\vec{B}$ 的大小都是一樣的

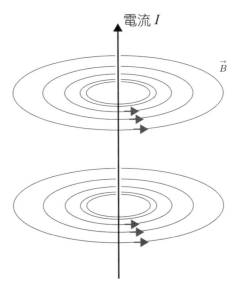

🔵 圖 5.5　無限長直電流周遭的磁場分布

在此，對於以電流為中心的半徑 r 圓周，我們就可以套用安培定律。由於環繞的路徑與磁場方向一致，其環場積分就可以寫成「磁場大小」×「圓周長」。假設磁場大小為 B，則安培定律就寫作

$$2\pi r B = \mu_0 I$$

將這個 B 解出來，我們就可以知道無限長直電流四周的磁場為

$$B = \frac{\mu_0 I}{2\pi r}$$

再來，我們要計算垂直於 $B = \frac{\mu_0 I}{2\pi r}$ 磁場的電流 I，每單位長度所受到的力。這只要直接運用電流片段受磁場力的式子：$\vec{F} = I\vec{ds} \times \vec{B}$（參照154頁）即可。在電流的位置上，磁場的大小均相同，由於電流與磁場為正交，每段 ds 的受力大小就為 $F = IdsB$。將 $0 \sim 1$ m 積分起來，就得到每 1m 的受力大小為 $F = IB$。

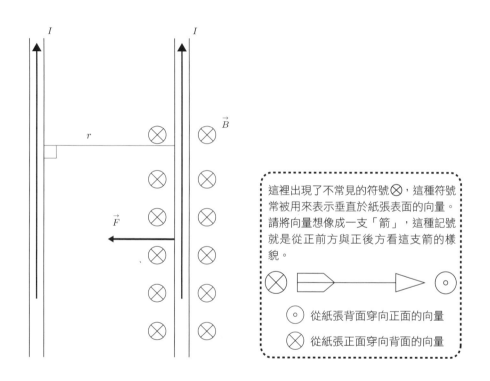

這裡出現了不常見的符號 ⊗，這種符號常被用來表示垂直於紙張表面的向量。請將向量想像成一支「箭」，這種記號就是從正前方與正後方看這支箭的樣貌。

⊙ 從紙張背面穿向正面的向量

⊗ 從紙張正面穿向背面的向量

✚ 圖 5.6 　無限長電流之間的作用力

好，在此我們終於要回答從第 2 章開始一直保留到現在的疑問了。電流單位 [A] 究竟是如何被定義的呢？它的定義就如下：

　　準備兩條彼此相隔 1m 的無限長導線，調整電流大小使其相互的作用力在每 1m 上為 2×10^{-7}N 時，這就產生了 1A 的電流。由於現實上我們無法創造出無限長的電流，因此需要用到將導線捲成線圈的「電流天平」裝置。同時，電荷大小 [C] 就被定義為「1A 的電流經過 1s 時所通過的電荷量」。為什麼電流還比電荷優先被定義呢？原因之一在於，要精密製造出靜止的固定電荷量是很困難的事。另一方面，要精密製造出穩定的電流，相對來講比較簡單。電流間的作用力可以用彈簧等裝置精密測出，因此將力學單位 [N] 結合進電磁學是順理成章的事。一旦電磁學的任何一個單位被確定下來，剩餘的單位就如先前出現過的 [C]、[V]、[F]、[T] 等等都可以據此一個接一個被推導出來。

　　將電流作過這番力學式的定義後，就得到真空磁導率 μ_0 的大小剛好為 $4\pi\times10^{-7}$。根據 1A 的定義，距離無限長的 1A 電流 1m 遠的位置上，磁場正好為 2×10^{-7}T，代入公式 $B=\dfrac{\mu_0 I}{2\pi r}$ 就可以知道，常數 μ_0 非得為 $4\pi\times10^{-7}$ 不可。分析真空磁導率的因次就得到 [Tm/A]，不過一般都會寫作 [H/m]。[H]（亨利）是表示線圈電感（→參照 168 頁）的單位。將電容率與磁導率排比起來，其對應關係就一目瞭然。

♣ 表 5.1　電場與磁場的對應表

	電場	磁場
真空中的常數	電容率 ε_0	磁導率 μ_0
真空中常數的單位	[F/m]	[H/m]
通量	電通量 $\varPhi_e$ [C]	磁通量 $\varPhi_m$[Wb]＝[Tm²]
通量密度	電通密度（電位移）D [C/m²]	磁通密度 B [Wb/m²]＝[T]
電路元件	電容器	線圈
相關的物理量	電容 [F]	電感 [H]
意義	[F]＝儲存的電荷 [C] 與電位 [V] 的比例係數	[H]＝線圈所含有的磁通量 [Wb] 與電流 [A] 的比例係數
組成	[F]＝[C/V]	[H]＝[Wb/A]＝[Tm²/A]

　　我們再稍微詳述一下磁場強度 $\vec{H}$、磁通密度 $\vec{B}$ 與物質磁導率 μ 的關係。首先，為什麼表示磁場的物理量會有兩種呢？這世界上運作的所有物質，或多或少都是一種磁性物質。當物質被放在電流所製造的磁場當中，磁通密度的向量場就會有所變化。由於這可以想成是「只要有磁性物質擺置的地方，磁導率就會由 μ_0 變成 μ」，如果採用磁場強度 $\vec{H}$，要處理考慮到物質的電磁學就變得容易多了。不過也有些電磁學的專家學者堅決反對定義 $\vec{H}$，他們的根據在於「$\vec{H}$ 只是為方便而制定的量值，不是真的物理法則」。我覺得這樣也許太過僵化了。

　　那麼為什麼可以看作凡是有磁性物質擺置的地方，空間磁導率就會由 μ_0 變成 μ 呢？這裡給大家看看證據。首先在真空當中，$\vec{B}$ 與 $\vec{H}$ 的關係是

$$\vec{B} = \mu_0 \vec{H}$$

這時 $\vec{H}$ 的因次為 [A/m]。如果要對 $\dfrac{\vec{B}}{\mu_0}$ 作因次分析也是可以，但是最簡單的方式，就是根據「對 $\vec{H}$ 作環場積分就會得出電流」※這項事實，得出 [A/m]×[m] ＝[A]。

　　物質中的磁場是由電流產生的磁場，以及磁性物質磁化所產生的磁場組合而成。這時對大多數物質而言，$\vec{B}$（磁化）會與外部磁場、也就是 $\vec{B}$（電流）的大小呈正比，方向相同。因此我們設 $\vec{B}$（電流）與 $\vec{B}$（磁化）的比例常數為 X_m。這項常數沒有因次，取作「磁化率」。由於在真空中 $\vec{B}$（電流）＝$\mu_0\vec{H}$ 成立，因此將之代入，可以表示出 $\vec{B}$（磁化）＝$\mu_0 X_m \vec{H}$。

　　物質中的磁場 $\vec{B}$＝$\vec{B}$（電流）＋$\vec{B}$（磁化），現在用 $\vec{H}$ 來將它改寫。

$$\vec{B} = \mu_0 \vec{H} + \mu_0 \chi_m \vec{H}$$

將它整理過後，物質中 $\vec{B}$ 與 $\vec{H}$ 的關係為

$$\vec{B} = \mu_0 \left(1 + \chi_m\right) \vec{H}$$

※　對 $\vec{B}$ 作環場積分就會得到 $\mu_0 I$，因此將兩邊同除以 μ_0，自然會得到這種結果。

這時 $\vec{B}$ 與 $\vec{H}$ 的比例常數爲 μ_0（$1+X_m$），我們就稱它爲「物質的磁導率」。
這樣一來，在磁導率 μ 的物質當中，磁通密度的安培定律就寫作

$$\mathrm{rot}\vec{B}=\mu\,\vec{i}$$

但是與其用這個包含物質磁導率 μ 的式子，運用在各種情況下均能成立的

$$\mathrm{rot}\vec{H}=\vec{i}$$

會更方便。這樣我們就得到不需要考慮磁性物質存在與否的安培定律了。這是
與電場的式子 $\mathrm{div}\vec{D}=\rho$ 相對應的、在物質中成立的磁場公式。

⊕ 螺線管內部的磁場與電感

　　大家應該都有捲導線作電磁鐵的經驗吧？將線圈緊密捲起接通電流的裝置
稱爲「螺線管」，讓我們利用安培定律來計算螺線管內部的磁場吧。設有一螺
線管長度非常長，導線緊密捲起，則根據對稱性論證，對於其磁場可以有下列
預測：

・螺線管內部的磁通密度 $\vec{B}$ 應當是沿著螺線管中心軸的向量。另外由於 $\vec{B}$
　屬於軸對稱，沿著軸移動時大小應當不會改變。
・從螺線管一端發出的磁通線會盡可能彼此遠離，因此應當會在距離螺線
　管非常遙遠的地方折返銜接起來。

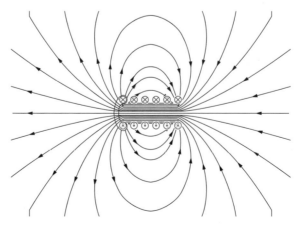

　　　　　　　　　　　◆圖 5.7　螺線管所發出的磁場

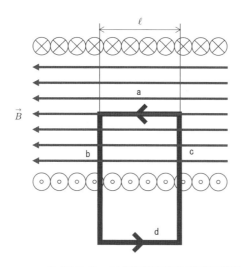

🔸 圖 5.8　計算螺線管內部的磁場

　　將這些預測畫成圖就會像圖 5.7 這樣，在此我們試著套用安培定律。設積分路徑為像圖 5.8 這樣的長方形。取這樣的積分路徑，則邊 a 以外的積分值均為零。因為在邊 b、c 的磁場都與積分路徑呈正交，數值不能加上來，而螺線管外側的磁通密度太小可以忽略。螺線管內部的磁場方向是沿著中心軸方向的，因此安培定律的環場積分值就為 Bl。

　　設線圈的圈數每 1m 有 n 圈，則長度 l 的方形迴圈內包圍的電流就有 lnI。無論積分路徑如何平行移動，其所包圍的電流都恆定為 lnI。因為這樣，我們就得知螺線管內部存在著大小固定的磁場。於是運用安培定律，螺線管內部的磁通密度就為

$$\mu_0 nlI = Bl$$
$$B = \mu_0 nI$$

磁場強度 $\vec{H}$ 則可由兩邊同除以 μ_0，得到 $H = nI$。

　　若有相對磁導率 μ_r 的磁性物質插入螺線管內部，那會發生什麼事呢？由於 $\vec{H}$ 是電流所決定的，因此數值不會改變；另一方面，$\vec{B}$ 則由於 $\vec{B} = \mu_0 \mu_r \vec{H}$，磁通密度 $\vec{B}$ 就會增加為 μ_r 倍。請回想一下在物理課實驗使用電磁鐵時，在磁鐵芯或釘子上纏繞導線的經驗。為什麼會需要磁鐵芯呢？就是依據這項原理，要使相同的電流能夠產生更強的磁通密度。

當電流迴圈存在時，「迴圈當中所蘊含的磁通量 Φ_m 與流經電流的比例」就稱爲這個電流迴圈的「電感」，以符號 L 表示。其數學式爲

$$L = \frac{\Phi_m}{I}$$

簡單來說，它就是電流產生磁通量的效率有多好的指標，與電容器的容量 C 相互對應。電感的單位是「亨利」[H]，是紀念幾乎與法拉第同時發現電磁感應定律的美國物理學家約瑟·亨利而來。根據電磁感應定律（第 6 章），當電流迴圈流經電流產生變化時，就會出現感應電動勢 V，寫成數學式是這樣

$$V = -L\frac{dI}{dt}$$

電容器能儲存電荷，這就與電流的積分等價；相對地，電感具有的機能則等同於對電流作微分運算。因此，只需要利用電容器及電阻結合電流迴圈（線圈），就可以進行相當複雜的電子訊號處理。附帶一提，當作這樣使用時，線圈就被稱爲「電感器」。效率最好的電感器就是前面所講的螺線管線圈，由於在 N 圈的螺線管當中，其電感產生的磁通量就是將電流累積 N 次，因此還要乘上 N 成爲

$$L = \frac{N\Phi_m}{I} = \mu_0 n^2 lS$$

l：線圈長度 [m]

n：每公尺的圈數 [1/m]

S：線圈截面積 [m²]

step up

在一般情況下，要證明必歐－沙伐定律與安培定律爲等價，在計算上會非常困難。因此本書就將論證限定在無限長直電流的情況，以此來說服大家二者是等價的。我們已知，若使用安培定律，可以輕易求出無限長直電流所製造的磁場爲 $B = \dfrac{\mu_0 I}{2\pi r}$。那麼如果使用必歐－沙伐定律來求，是否會得到相同答案呢？

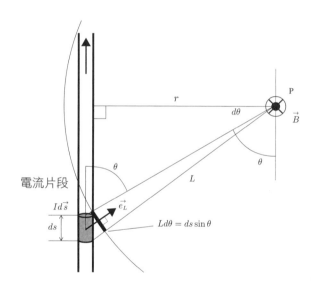

＊圖 5.9　距離電流 r 的 P 點，使用必歐－沙伐定律來求它的磁場

我們來看如圖 5.9，電流在距離 r 遠處的 P 點上所製造的磁場。根據必歐－沙伐定律，電流當中在圖片位置上的電流片段，在 P 點產生的磁場爲

$$\vec{dB} = \frac{\mu_0}{4\pi}\, \frac{I\,\vec{ds} \times \vec{e_L}}{L^2}$$

$$\vec{e_L} : L \text{ 方向的單位向量}$$

根據外積的規則，當 P 點位在紙的表面時，磁場方向會是從紙的正面通往背面。由於電流為一直線，所有電流片段在 P 點所製造的 $d\vec{B}$ 方向均相同，因此用純量來進行計算即可。回想一下，外積 $Id\vec{s} \times \vec{e_L}$ 的大小為 $Ids \sin\theta$（參照附錄「向量與純量」245 頁），磁場的大小就為

$$dB = \frac{\mu_0}{4\pi} \frac{Ids \sin\theta}{L^2}$$

將它從 $-\infty$ 到 $+\infty$ 積分起來，就是 P 點的磁場。現在要用常數 r 與角度 θ 來表示這裡的 L 與 ds。根據圖形我們可以得出下列關係：

$$Ld\theta = ds \sin\theta \quad \rightarrow \quad \frac{ds}{L} = \frac{d\theta}{\sin\theta}$$

$$L\sin\theta = r \quad \rightarrow \quad \frac{1}{L} = \frac{\sin\theta}{r}$$

這裡的 $Ld\theta$ 是半徑 L 的圓當中角度為 $d\theta$ [rAd] 的弧，嚴格來說與直線 $ds \sin\theta$ 並不一致，但是在 $d\theta$ 非常微小時可以將兩者視為相等。

將上述關係全部代入，整理後可以得到以下式子

$$dB = \frac{\mu_0 I}{4\pi r} \sin\theta d\theta$$

將它從任意的 θ_1 積到 θ_2 是很容易的事，答案就為

$$B = \int_{\theta_1}^{\theta_2} \frac{\mu_0 I}{4\pi r} \sin\theta d\theta$$
$$= \frac{\mu_0 I}{4\pi r} (\cos\theta_1 - \cos\theta_2)$$

現在設導線為無限長，則 θ_1 就為 0、θ_2 就為 π。

因此最終，我們得到無限長直電流四周的磁場就為

$$B = \frac{\mu_0 I}{2\pi r}$$

這確實與安培定律所得的答案相同，顯示出二者的等價性。

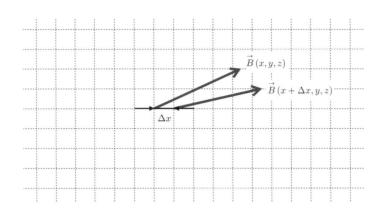

🔹 圖 5.10　對向量場的旋度作代數運算

　　只要向量場存在，我們就必定可以探討其向量場的旋度（rotation）。同時，安培定律的意義可以等同於「任一點只要在磁場中有旋度，這個點上就有電流密度」。那麼，向量場的旋度實際上究竟該怎麼計算呢？正如第 3 章 follow up所講的，若要嚴謹地計算向量場，將各分量表示出來，對同樣維度的分量作代數運算是最正統的方法。

　　現在我們將向量場 $\vec{B}$ 表示爲（x，y，z）的函數：

$$\vec{B} = \begin{pmatrix} B_x\,(x,y,z) \\ B_y\,(x,y,z) \\ B_z\,(x,y,z) \end{pmatrix}$$

B_x、B_y、B_z 爲 $\vec{B}$ 向量的x、y、z分量。這時我們將 B_x 的變化看作沿著 x 軸所做的微分，也就是

$$\frac{B_x\,(x+\Delta x,y,z) - B_x\,(x,y,z)}{\Delta x}$$

當Δx爲無限小時就爲 $\dfrac{\partial B_x}{\partial x}$。希望各位回想一下，偏微分有九個分量（參照 88 頁）。

接著，神奇的事發生了，某一點 (x, y, z) 上磁通密度向量 $\vec{B}$ 的旋度，只要用其中六個分量

$$\left(\text{rot}\vec{B}\right)_x = \frac{\partial B_z}{\partial y} - \frac{\partial B_y}{\partial z}$$

$$\left(\text{rot}\vec{B}\right)_y = \frac{\partial B_x}{\partial z} - \frac{\partial B_z}{\partial x}$$

$$\left(\text{rot}\vec{B}\right)_z = \frac{\partial B_y}{\partial x} - \frac{\partial B_x}{\partial y}$$

就可以計算得出。要注意，由於 $\text{rot}\vec{B}$ 是向量，就需要計算它在 x、y、z 三個方向的分量。至於為什麼是這樣的構造，這已經超出本書的範圍了。如果各位有需要，這部分在「向量分析」的基礎教科書當中都會寫到，請研讀這些書籍吧。被用在 rot 上的六個分量，剛好就是算 div 時沒有用到的分量。這樣有趣的現象，顯示出 div 與 rot 是呈現互補關係的演算程序。如果一開始就知道了這點，想必就能理解到，馬克士威方程式其實就是用「電場的散度」、「磁場的散度」、「電場的旋度」、「磁場的旋度」來記述所有的電磁現象。

與散度不同，要從旋度的數學式去變換為想像圖是非常困難的事。比方說我們想要探討 $(x-y)$ 平面上以原點為中心不斷旋轉的水流，由於 z 為泳池的水深，水流就只有 x 分量與 y 分量（$B_z = 0$）、並且在 z 方向上也沒有變化 $\left(\frac{\partial}{\partial z} = 0\right)$。這樣一來，$\text{rot}\vec{B}$ 的 x 分量、y 分量的數值就全部為 0 了。所謂 z 分量就是「從 B_y 在 x 方向的變化率到 B_x 在 y 方向的變化率」兩者相減的結果。如圖所示，呈漩渦旋轉的向量場，在靠近中心點的變化方向分別為：B_y 沿著 x 軸是由負到正、B_x 沿著 y 軸是由正到負。因此我們可以知道，$\left(\text{rot}\vec{B}\right)_z$ 在漩渦中心附近會得到最大值。也就是說，這個水流的旋度在原點具有最大值，方向則是朝著 z 軸方向。

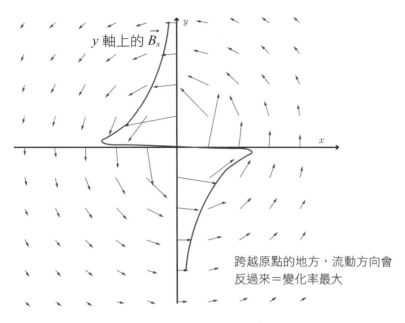

y 軸上的 $\vec{B}_x$

跨越原點的地方，流動方向會
反過來＝變化率最大

✚ 圖 5.11　探討環繞原點流動的場 $\vec{B}$ 的旋度

<table>
<tr><td colspan="3">✚ 磁力線與磁通線</td></tr>
</table>

　　正如電場有「電力線」與「電通線」，磁場也有「磁通線」與「磁力線」。雖然前面沒有詳述過「磁通線」這個概念之所以成立的根據，但它是不是能夠從電流片段間作用力也遵守平方反比定律而類推過來呢？由於兩者非常相似，在此我們就做個對照表來了解它們。

✚ 表 5.2　對照電場與磁場的力線

電力線	銜接 $\vec{E}$ 的線	從電荷發出、終結於電荷
電通線	銜接 $\vec{D}$ 的線	從真正的電荷發出、終結於真正的電荷。極化電荷不會對其產生影響
磁力線	銜接 $\vec{H}$ 的線	從磁荷發出、終結於磁荷
磁通線	銜接 $\vec{B}$ 的線	從真正的磁荷發出、終結於真正的磁荷。由於並沒有「真正的磁荷」這種東西，磁通線 $\vec{B}$ 必定是沒有起點與終點的迴圈

對於現代的電磁學來說，由於所有的磁場都是由電流發出，所以並沒有「磁荷」的存在。但是物質受到磁場會發生磁化，看起來就像是磁性物質兩端出現N與S的磁荷一般。這就與介電質兩端出現極化電荷的現象相對映。

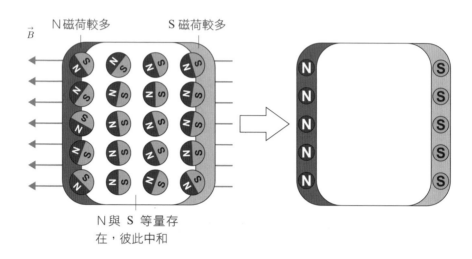

N磁荷較多　　　　S磁荷較多

N與 S 等量存在，彼此中和

♣ 圖 5.12　將磁性物質的磁化假想為磁荷的示意圖

$\vec{D}$ 與 $\vec{B}$ 在極化電荷或極化磁荷存在時也不會被切斷，而 $\vec{E}$ 與 $\vec{H}$ 則會在物質邊緣形成極化電荷或磁荷的地方形成邊界。與電力線相同，磁力線、磁通線具有以下性質。

‧它們不會分岔也不會彼此交集。

‧相鄰的磁力線、磁通線會盡可能彼此遠離。

‧同一條磁力線、磁通線則會盡可能縮短。

磁力線與磁通線的這種性質，與電力線同樣可以用「馬克士威的應力」（參照 45 頁）來解釋。

使用電力線與電通線，就很容易解開含有介電質的電容器問題；使用磁力線與磁通線，則是很容易解開含有磁性物質的線圈問題。我們來解解看如下的問題。有一相對磁導率 μ_r 的鐵磁性物質如圖 5.13 所示繞成一圈，有一道極細小的縫隙。當對面纏上 N 圈導線通以電流 I 時，隙縫的磁通密度會是多少？

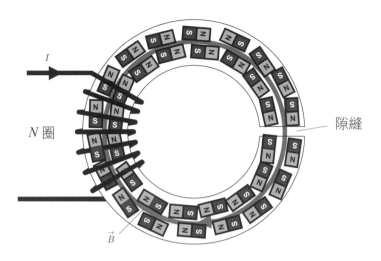

圖 5.13　將開條隙縫的環狀鐵磁性物質纏繞成螺線管

我們先來看螺線管所製造的磁通線 $\vec{B}$ 在螺線管部分以外的情況。穿出螺線管的磁通線會不受阻礙地回到螺線管，它們幾乎可以被視爲能全體通過磁性物質內部。用數學式很難說明，直觀地把鐵磁性體設想爲「可自由旋轉的小型磁鐵的集合體」會比較容易。螺線管當中的原子磁鐵被強制轉向一定的方向，其發出的強力磁場則將螺線管外側的微小磁鐵一個接一個整隊起來，最後就產生了環繞磁性物質一整圈的強力磁場，因此磁性物質外側的電場相較起來就可以忽略了。這時磁通線彼此會盡可能遠離，因此磁性物質中任何剖面上的 $\vec{B}$ 都可以近似爲幾乎相等。

而隙縫中的情況又是如何呢？由於一條磁通線會盡可能以最短距離銜接，因此它們會垂直貫穿隙縫。磁通密度在任何位置均爲連貫，因此 $\vec{B}$ 只要用與磁性物質內部相同的方式來看就好。另一方面，磁場強度 $\vec{H}$ 的向量則會在磁性物質邊緣面上形成不連續，這是因爲磁化造成磁性體邊緣面上產生磁極，$\vec{H}$ 向量會從 N 極走到 S 極。

設磁性物質外部的磁場強度爲 H_{ext}、內部的磁場強度爲 H_{int}。繞行磁性物質一圈的長度爲 l、隙縫寬度爲 d，則磁場強度根據安培定律就爲

$$NI = H_{\text{int}}(l-d) + H_{\text{ext}}d$$

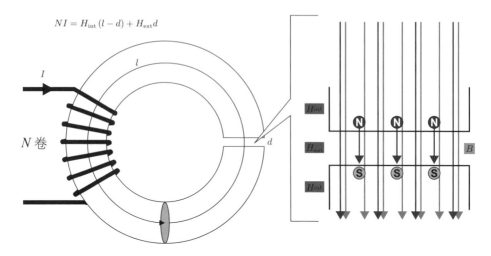

$$NI = H_{\text{int}}(l-d) + H_{\text{ext}}d$$

I

l

N 卷

d

H_{int}

H_{ext}

H_{int}

B

+ 圖 5.14　僅有部分被導線纏起的環狀磁性物質

根據 B 與 H 的關係得到

$$B = \mu_0 \mu_r H_{\text{int}}$$

$$B = \mu_0 H_{\text{ext}}$$

根據上述式子將 H_{int} 以 H_{ext} 表示，則安培定律就可變形為

$$NI = \frac{H_{\text{ext}}}{\mu_r}(l-d) + H_{\text{ext}}d$$

這裡我們設 μ_r 為數萬到數十萬這樣的極大數值。這樣一來第一項因為分母為極大值，整體趨近為零，因此得到

$$H_{\text{ext}} = \frac{NI}{d}$$

$$B = \mu_0 \frac{NI}{d}$$

這就告訴我們，磁性物質隙縫的磁場就與線圈密度為N/d的極大螺線管內部磁場相等，或者也可以說，就好像將隙縫對面的螺線管線圈全數塞進 d 的寬度當中一般。

　　事實上，這樣的構造可以在極小空間當中製造強力磁場，是廣泛使用的手段。像錄影帶與硬碟等利用磁力進行資訊紀錄的裝置，其紀錄的磁頭就是利用這個構造。

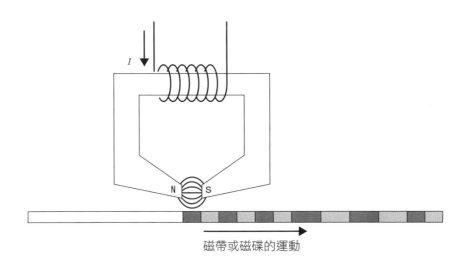

磁帶或磁碟的運動

➕ 圖 5.15　磁力記憶裝置的原理

　　磁鐵被人類發現可遠溯至紀元前，而發現電流會產生磁場則要到十九世紀。因此在歷史上，人們根據觀測到的事實，會認定存在著相對於電荷的「磁荷」也是在所難免的事。接著，根據實驗事實，就得出磁荷也遵守庫侖定律

$$F = \frac{1}{4\pi\mu_0} \frac{q_{m1}q_{m2}}{r^2}$$

q_{m1}，q_{m2}　　磁荷 [Wb]

這裡的單位是用現代的版本改寫過的。磁荷的單位 [Wb]＝[Tm²] 與磁通量的因次相等，這就與電荷及電通量相同因次的事實相對應。據此，人們定義出代表單位磁荷受力的向量場，也就是磁場 $\vec{H}$

$$\vec{F} = q_m\vec{H}$$

這樣的電磁學稱為「E－H對應的電磁學」。E－H對應的電磁學是從上述論點出發，在探討磁性物質的原子具有正負磁荷極化的現象（磁極化）時，為了簡易表述磁性物質存在時的高斯定律，才出現了磁通密度 $\vec{B}$。前面所述的理論發展都是完全對應的狀態，$\vec{E}$ 對應 $\vec{H}$、$\vec{D}$ 對應 $\vec{B}$，既美觀又簡潔，使得E－H對應的電磁學到現在都還有一定的支持度。尤其在只處理磁鐵的磁學領域，由於將磁場的源頭視為磁荷可以非常簡潔地說明磁鐵的性質，至今仍然以E－H對應作為主流。

　　但是與電荷不同的是，磁荷無論如何都無法分離出N與S。這也難怪，因為磁荷這種東西只是看起來存在的假想物，包含磁鐵在內，所有的磁場都是由電流產生的。因此E－H對應的電磁學的一大弱點，就在於無法說明為何電流與磁鐵同樣能夠產生磁場。

　　另一方面，由於到了現代，我們已經知道所有的磁場都是起源自電流，高等教育中主流的電磁學都是先定義磁場是由電流所發出的，這種作法就稱為「E－B對應」。但是E－B對應的電磁學也有它的缺點。在漫畫中也有提到「為何需要出現 $\vec{H}$ 這樣的物理量？」要用這種電磁學說明其必然性就非常辛苦了。但是既然知道了有「E－H對應」的電磁學存在，應該也就能夠理解 $\vec{H}$ 的存在意義了。

當受到外部施加的磁場時，反磁性物質的原子磁場會沿著外部磁場相反的方向排列起來，真是神奇的物質。因此，當我們施加磁場給反磁性物質時，它就會如圖5.16般顯現出與外部磁場相反的磁極。

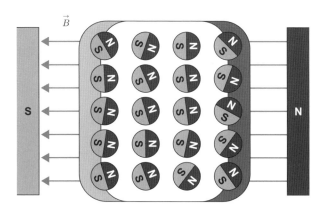

●圖 5.16　反磁性物質在受到磁場時會出現的舉動

　　反磁性產生的原因不能用單純會旋轉的微小磁鐵模型來說明。我們試著來作簡單的解釋。原子磁鐵的起因來自電子的軌道運動以及自旋（spin），但是許多元素都會將電子與反向的電子相配對而完全抵銷。也就是說，尚未施加外部磁場時，這些原子就不會是磁鐵。不過，電子的軌道運動並非永久恆定，受到外部磁場時會稍作變化。由於成對電子的運動方向與外部磁場相反，受到外部磁場時，相互抵銷的狀態就會被破壞，這時就會出現些許與外部磁場反向的磁性分量，這就是原子反磁性的起源。因此所有的原子在本質上而言都具有反磁性的性質，但是由於其效應非常地弱，大多數物質都是因電子自旋而顯現出順磁性。

　　光看圖5.16，我們會期待反磁性物質在有磁鐵靠近時會產生排斥力，但是由於反磁性非常微弱，平常不太有機會直接看到這種效應。不過，若使用近來容易獲得的釹磁鐵等強力磁鐵，是可以看到這種有趣的現象。比方說，由於水具有反磁性，當我們拿強力磁鐵接近水溝的水流時會看到水好像討厭磁鐵一般遠離開來。你覺得

磁鐵的相同磁極之間也會排斥，所以這不稀奇？那來試試看吧。當我們用磁鐵去接近可以自由移動的小磁鐵時，小磁鐵一定會旋轉過來相互吸引，因此這與「磁鐵的同極接近時會相互排斥」的現象就有不同之處了。其他容易顯現反磁性的物質還有石墨、鉍等等。

最能夠直接展示出反磁性效應的莫過於「磁浮」現象了。在強力磁鐵上方放置反磁性物質時，磁通線的分布會避開反磁性物質，像是要包夾物質一般。由於磁通線會彼此擴張開來，反磁性物質會受到從側邊與下方推擠過來的力。也就是說，這物質會漂浮靜止在磁鐵上方。如果擺放的是永久磁鐵，即使將會與下方磁極相互排斥的一面向下放置，它也會翻轉過來吸在一起，因此能夠在磁鐵上方自然浮起的就只有反磁性物質而已。

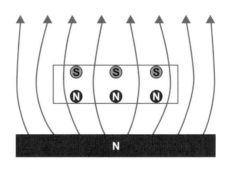

🔷 圖 5.17　浮在磁鐵上方的反磁性物質

我們在電視上都有見過超導體在磁鐵上方漂浮起來的現象。超導體同時具有「完全反磁性」，展現出非常強大的反磁性效應。用簡單的話來解釋，由於超導體能夠使電流毫無電阻地流通，當磁通量想進入內部時，電磁感應（第6章）會在內部產生剛好與其抵銷的強大電流，使磁通量無法進入。這現象稱為「邁斯納效應」，它使得超導體獲得足以承載人體重量的排斥力。

第 6 章

運動電磁學與馬克士威方程式

你還真的做了習題呢。

那麼就請講給我聽吧。

磁軌砲的用途，我後來都查過了！

磁軌砲不單是用在軍事用途而已，

它也被用在核融合爐與新材料的實驗上，

ISS 國際太空站

國際熱核融合實驗反應爐（ITER）

比如說用來擊發核融合爐的氫燃料粒，

或者研究衛星軌道四周的太空垃圾時模擬狀況用。

太空垃圾的衝撞速度高達秒速一萬公尺以上，

不用磁軌砲是不行的。

沒錯，

你都說對了。

微笑

啪 啪 啪

之前妳讓我看的不就是這個實驗嗎？

這項實驗是太空站計畫的一環，

impact

正如你所說，其主要目的在於研發足以承受太空垃圾衝撞的新材料。

果然不是武器啊…

既然這樣，妳怎麼不跟我說呢？

當時我要是作解釋，聽起來也很假吧？

那怎麼看都像是破壞性武器呀。所以你能夠去好好研究、理解，是再重要不過了。

但是呀，
我的夢想

磁軌砲還有比這
更棒的用途唷～

還在更遠的
地方唷。

心動

那到底是作什
麼用啊？

你要了解的話，就要跟
我再多作點學習唷。

當然！

我已經有心理
準備了！

6.1 電磁感應

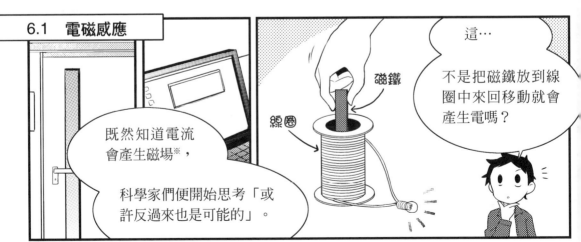

既然知道電流
會產生磁場※，

科學家們便開始思考「或
許反過來也是可能的」。

這…

不是把磁鐵放到線
圈中來回移動就會
產生電嗎？

磁鐵

線圈

※ 1820 年　奧斯特（參照 109 頁）

答對了，

這就稱為「電磁感應」，

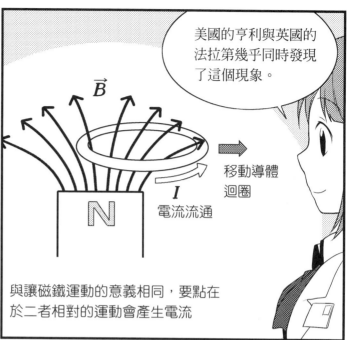

美國的亨利與英國的法拉第幾乎同時發現了這個現象。

$\vec{B}$

移動導體迴圈

I

電流流通

N

與讓磁鐵運動的意義相同，要點在於二者相對的運動會產生電流

這距離奧斯特的發現已經過了十一年。

之前都沒有任何人發覺「只要運動磁鐵即可」。

如果我早生兩百年就是我發現的啦哈哈。

你是從哪裡生出這種毫無根據的自信啊…？

電磁感應可以用勞倫茲力來解釋。

勞倫茲力 $\vec{F}=q\vec{v}\times\vec{B}$

$\vec{F}$

$\vec{B}$

$\vec{v}$

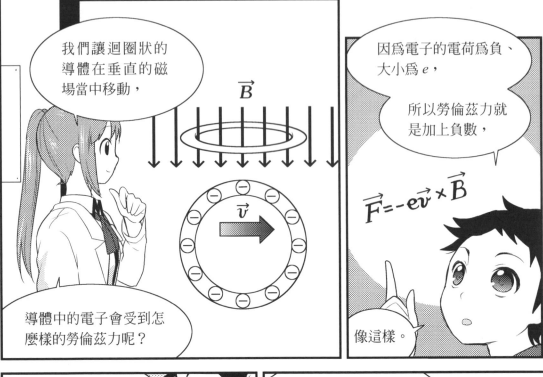

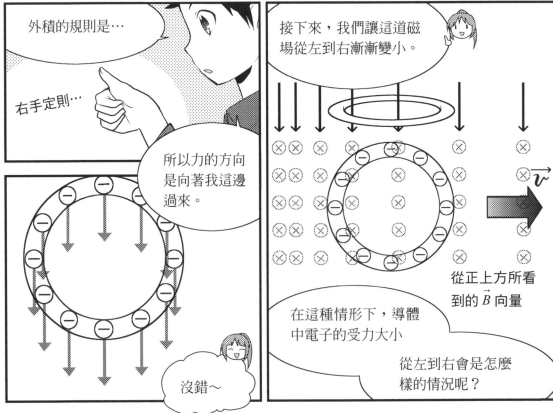

※垂直紙面的向量，其符號繪圖規則為⊗上→下、⊙下→上（參照 163 頁）

迴圈左側的磁場比較大,那是不是

力量也比較大?

我們用水車來作比喻好了。

導體內部的全體電子都會受到向左轉的驅動力,

換句話說,就會有電流沿著迴圈流通。

這就是電磁感應的構造嗎?

不過事情可不是這麼單純唷。

現在我們假設觀察者在做同樣的實驗時,與導線迴圈一同移動的情況。

咦?不是任誰看來結果都一樣嗎?

是呀,可是觀察者看到的是「靜止的導線與運動的磁鐵」呀。

對他來說,電荷是靜止的。

那麼,電荷為什麼還會受到力呢?

這我怎麼會知道啊…

可是能用運動導體迴圈來解釋不就好了嗎?

那如果我們真的把磁鐵拉遠呢？

嗚…

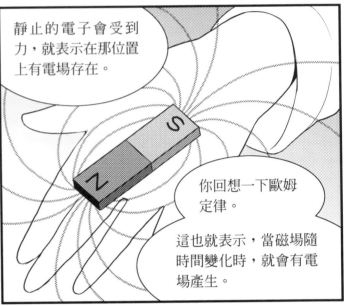

靜止的電子會受到力，就表示在那位置上有電場存在。

你回想一下歐姆定律。

這也就表示，當磁場隨時間變化時，就會有電場產生。

這…

不是在要詐吧？

嗯，這點其實是非常深奧的問題。

第一位注意到這個問題本質的，就是鼎鼎大名的愛因斯坦。

「狹義相對論」的論文，就是從探討導線與磁鐵的相對運動開始寫起的。

所以說，要能完整解釋這個謎團，還需要用到相對論才行，

目前我們只要想成「這應當如此」就好。

6.2 法拉第電磁感應定律

法拉第察覺到了電磁感應的本質。

在變化中的磁場裡放置導線，就會有電流流通。

那麼如果把導線換成一個電子時會發生什麼事呢？

電子

會開始移動？

是呀。由於沒有任何法則足以區別導線中的電子與單一電子，這些電子都會受到力。

也就是說，

電磁感應的本質就是「變化的磁場會製造電場」，

我們觀測到的感應電流只是這項道理的結果而已。

所以不需要導線也會產生電場囉？

就是這樣。你察覺到要點了。

法拉第電磁感應定律

$$V = -\frac{d\Phi_m}{dt}$$

V 封閉迴圈所產生的感應電動勢 [V]

Φ_m 貫穿其積分路徑的磁通量 [Wb]

法拉第發現的就是磁場的變化與產生的電場之間所成立的定律。

感應電動勢…

又出現新東西了耶。

說明法拉第電磁感應定律的圖形

面 A

$\vec{B}$

穿過積分路徑的磁通量 Φ_m

$\vec{B}$

環場積分路徑 s

$\vec{E}$

電場沿著任意路徑的封閉迴圈作環場積分，

這就是感應電動勢的定義。

這跟安培定律一樣耶。

是呀。

「封閉迴圈的感應電動勢，就等於迴圈當中磁通量的時間變化率」，

這就是電磁感應定律所要講的道理。

那負號是怎麼來的？

如果在磁場當中放置迴圈導體，不是會有感應電流流通嗎？

這道電流就會製造磁場。

負號是「電流所製造的磁場會向著抵銷磁通量變化的方向」

這個意思。

無論磁鐵是靠近或遠離，電流所製造的磁場都會把它抵銷掉啊…

磁鐵遠離時所造成的感應電流會產生向上的磁場

磁鐵靠近時所造成的感應電流會產生向下的磁場

6.3　法拉第電磁感應定律的微分形式

法拉第的電磁感應定律，跟安培定律很相像吧？

妳是要說它們都可以化為微分形式對吧？

啪

你真是一點就通～

答對了。

那麼我們就如安培定律那時一樣，來將它變形吧。

ΔA 移項到左邊，將迴圈越設越小，則…

喀嚓

喀嚓

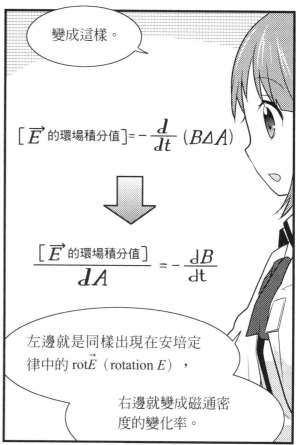

變成這樣。

$$[\vec{E}\text{ 的環場積分值}] = -\frac{d}{dt}(B\Delta A)$$

⬇

$$\frac{[\vec{E}\text{ 的環場積分值}]}{dA} = -\frac{dB}{dt}$$

左邊就是同樣出現在安培定律中的 $\text{rot}\vec{E}$（rotation E），

右邊就變成磁通密度的變化率。

改寫後變成這樣，

它就表示「電場的渦量（旋度）就等於磁場的時間變化」。

$$\text{rot}\vec{E} = -\frac{\partial\vec{B}}{\partial t}$$

咦？

∂

右邊這個微分的符號是什麼？

它就是偏微分符號。

磁通密度 $\vec{B}$ 不就是位置（x，y，z）與時間 t 的函數嗎？

正式的寫法規定要用 ∂ 來取代 d。

要記得唷。

然後，這就是馬克士威方程式中的第二道。

$$\operatorname{rot}\vec{E}=-\frac{\partial\vec{B}}{\partial t}$$

從高斯定律之後真是許久不見了耶～

6.4　位移電流與安培定律的擴充

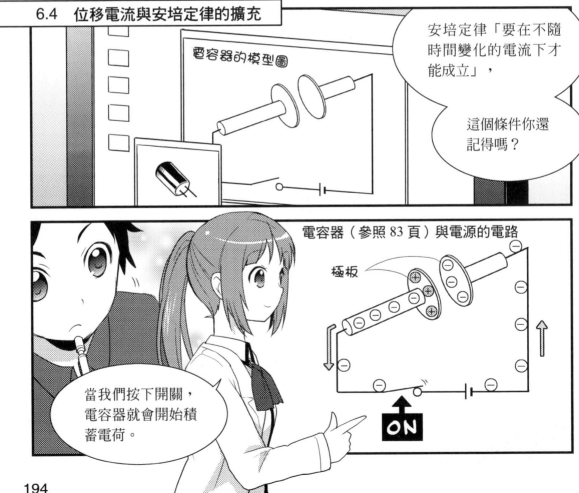

電容器的模型圖

安培定律「要在不隨時間變化的電流下才能成立」，

這個條件你還記得嗎？

電容器（參照 83 頁）與電源的電路

極板

ON

當我們按下開關，電容器就會開始積蓄電荷。

一條定律如果不在任何時候都能成立，那就不叫「定律」啦。

所以依照這個圖，安培定律並不完整。

但是英國的理論物理學家馬克士威想到，一定有「什麼東西」的流動貫通了面A'啦！

咦？什麼東西的流動？

馬克士威察覺，貫穿面A'的電通量 Φ_e 會越增越多。

同時還發現電通量隨時間微分時，就剛好等於電路所流通的電流。

於是他將這電流取名爲位移電流。

位移電流 $\dfrac{d\Phi_e}{dt}$

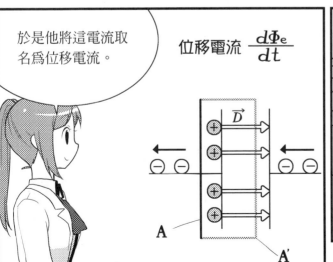

這是表示電容器的極板之間也有電流流過嗎？

是呀。馬克士威解釋說，位移電流是不同於電荷移動的電流。

馬克士威認為，只要將位移電流考慮進去，就能讓安培定律在隨時間變化的情況下也能成立。

我們用微分型態來說明它。

電通量與電荷的因次相同※。

『安培定律』

$$\mathrm{rot}\,\vec{H} = \vec{i}$$

電流是電荷對時間的微分，

因此與電流密度對應的就是電通密度對時間的微分了。

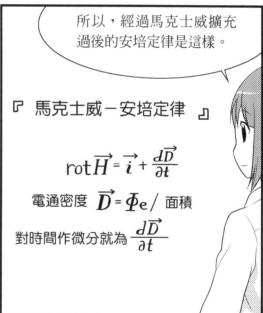

所以，經過馬克士威擴充過後的安培定律是這樣。

『馬克士威－安培定律』

$$\mathrm{rot}\,\vec{H} = \vec{i} + \frac{d\vec{D}}{\partial t}$$

電通密度 $\vec{D} = \Phi_e /$ 面積

對時間作微分就為 $\frac{d\vec{D}}{\partial t}$

他有經過實驗驗證嗎？

不，馬克士威是理論家，因此一開始這個假設並不怎麼為人所認可。

※「因次」請參照 column（91 頁）。

好，課程終於要進入最終階段。

提倡位移電流假設的馬克士威，還發現過去以來被人發現的各種電磁學定律，

只是基本定律的「換句話說」而已。

怎麼說是「換句話說」？

比方說，

我們講過庫侖定律與高斯定律在數學上意義相同，

必歐－沙伐定律與安培定律也是如此，對吧？

庫侖定律

高斯定律

必歐－沙伐定律

這麼說來，的確是如此耶。

安培定律

對稱性
關聯性

而且他也發現，電場所遵守的定律

與磁場所遵守的定律，都具有「**對稱性**」與「**關聯性**」。

它們的外型看起來的確很像耶～

電場的旋度就是法拉第電磁感應定律。

法拉第電磁感應定律

$$\mathrm{rot}\,\vec{E} = -\frac{\partial \vec{B}}{\partial t}$$

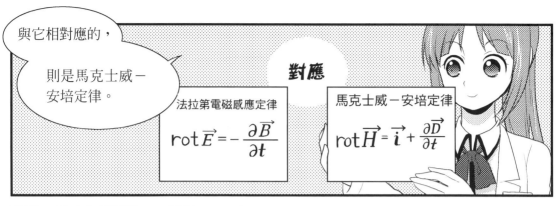

與它相對應的，

則是馬克士威－安培定律。

對應

法拉第電磁感應定律

$$\text{rot}\,\vec{E} = -\frac{\partial \vec{B}}{\partial t}$$

馬克士威－安培定律

$$\text{rot}\,\vec{H} = \vec{i} + \frac{\partial \vec{D}}{\partial t}$$

對應

應該也有相對應的磁場定律才對嘛。

所以，高斯定律

高斯定律

$$\text{div}\,\vec{D} = \rho$$

?

高斯定律的磁場版本，

應該要是「貫穿封閉曲面的磁通量，就等於內部具有的磁荷量」才對吧。

可是，磁荷不是不存在嗎？

正是如此。所以式子右邊必定爲零。

$$\text{div}\,\vec{B} = 0$$

「磁通密度沒有散度」，

馬克士威發現這原來也是電磁學基本定律之一。

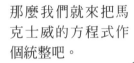

那麼我們就來把馬克士威的方程式作個統整吧。

這就是 1865 年馬克士威發表的電磁學基本定律。

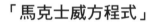

「馬克士威方程式」

1. 高斯定律

$$\mathrm{div}\vec{D}=\rho$$

電荷量就為電通密度的散度

2. 高斯磁定律

$$\mathrm{div}\vec{B}=0$$

磁荷並不存在。因此磁通密度沒有散度

3. 法拉第電磁感應定律

$$\mathrm{rot}\vec{E}=-\frac{\partial\vec{B}}{\partial t}$$

電場的旋度就等於磁通密度隨時間的變化

4. 馬克士威－安培定律

$$\mathrm{rot}\vec{H}=\vec{i}+\frac{\partial\vec{D}}{\partial t}$$

磁場強度的旋度就等於電流密度與位移電流密度的和
（位移電流密度就是電通密度的時間變化率）

正確來說，這是將馬克士威原本發表的方程式，再經由奧利弗·赫維賽德（Oliver Heaviside）與海因里希·赫茲（Heinrich Hertz）等人去除不必要的式子而成的。現在講到**「馬克士威方程式」**，講的就是這四道方程式。

如何？電場定律與磁場定律、散度與旋度都彼此對應起來，它的型態多麼美麗啊！

統計力學的始祖波茲曼看到這組方程式時，

曾讚嘆它真是「上帝創造的藝術品」呢。

一開始我看到這式子還覺得真是莫名其妙，原來是這麼厲害的式子啊…

但是馬克士威方程式也不是一開始就為人所接受。

這四道式子可以說明各式各樣的電磁現象，

經過了近 150 年，到現在還找不出違反馬克士威方程式的現象。

接下來才是有趣的地方。

6.6 電磁波

最後我們要來談馬克士威方程式與「光」。

自古以來人們知道，光是以快到極點的速度前進的「某樣東西」，

但就是不明白它的真面目。

說到這個，我聽人家說過光其實就是電磁波耶。

沒錯，馬克士威發現自己所發表的方程式具有「**波動解**」。

波動解？

感覺就是非常難的東西耶。

電磁波

你可以不用把它想得這麼難。比如說聲音不就是空氣的振動嗎？

這就與說「空氣的壓力變成波而傳遞出去」的意思一樣。

啪

電場與磁場都可以化成波動在空中傳遞，

這種波就是「電磁波」。

前面我們講過「位移電流」的假設對吧？

它也可以解釋成「磁場的渦量（旋度）產生電場」。

法拉第電磁感應定律 → 電場的渦量產生磁場

馬克士威－安培定律 → 磁場的渦量產生電場

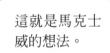

所以，若一開始就存在電場的渦量，應該會由於電場與磁場的交互振動而產生波動才對，

這就是馬克士威的想法。

電生磁、磁生電⋯

這好像在問先有雞還先有蛋的問題喔。

202

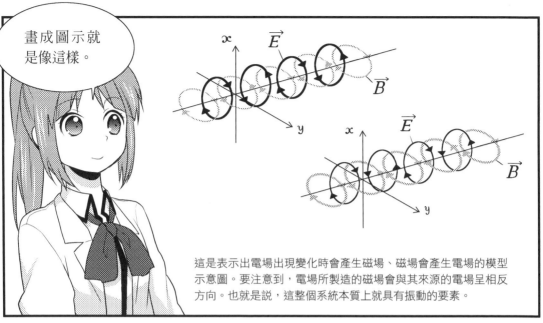

畫成圖示就是像這樣。

這是表示出電場出現變化時會產生磁場、磁場會產生電場的模型示意圖。要注意到，電場所製造的磁場會與其來源的電場呈相反方向。也就是說，這整個系統本質上就具有振動的要素。

電場的向量場就會形成環狀，

這樣就存在著電場的渦量（旋度）rot $\vec{E}$。

所以根據法拉第電磁感應定律，$-\dfrac{\partial \vec{B}}{\partial t}$ 也存在著。

也就表示這裡產生出磁場了對吧？

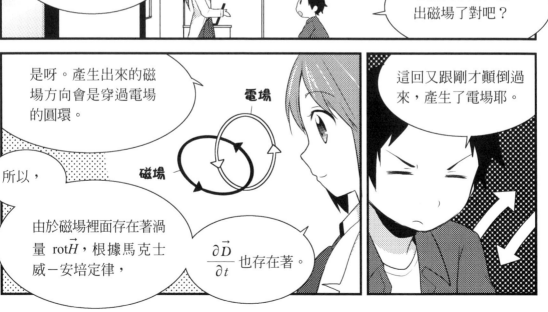

是呀。產生出來的磁場方向會是穿過電場的圓環。

所以，

由於磁場裡面存在著渦量 rot $\vec{H}$，根據馬克士威－安培定律，$\dfrac{\partial \vec{D}}{\partial t}$ 也存在著。

電場

磁場

這回又跟剛才顛倒過來，產生了電場耶。

它們就這樣接連地相互製造出來，在空間中傳遞出去。

這裡不做詳細的解說，總之從馬克士威方程式我們可以推知波的速度為 $\sqrt{\dfrac{1}{\varepsilon_0\mu_0}}$。

$$\varepsilon_0 = 8.9 \times 10^{-12}\,F/m$$

$$\mu_0 = 1.3 \times 10^{-6}\,H/m$$

$$c = \sqrt{\dfrac{1}{\varepsilon_0\mu_0}} = 30萬 km/s$$

OH!!

而這，正好與當時人們測知的光速完全一致。

也就是說，馬克士威發現了
「光就是一種電磁波」
這項道理。

電磁波

但是光是這樣講，大家能夠接受嗎？

不，剛剛也有提到，位移電流的概念一直不受到人們的認同。

如果電磁波存在，位移電流也會是正確的。

因此科學學院就提出高額獎金，懸賞能夠證明電磁波的實驗。

WANTED

$M\,10000$

嗯嗯，這都是我的功勞呀～快表現出你的感激之情吧～

最好是有什麼禮物之類的

自己來講這些話就遜掉了吧…

妳這才提醒了我，一開始是以考試過關為目的耶。

可是現在我覺得學電磁學真的很有趣。

好啦，還是要請妳告訴我，

磁軌砲還有什麼更棒的使用方式啊？

喀

那就是

我的夢想…

月亮呀。

follow up

證明電磁感應定律

　　法拉第發現的電磁感應定律，是電場沿著任意迴圈作路徑積分，就等於穿過迴圈的磁通量隨時間的變化。這條神奇的定律，以等號將兩種乍看沒有直接關係的物理量做出了連接。若運用高等的數學，我們可以證明法拉第電磁感應定律在任何情況下都是正確的。但是由於計算相當複雜，在此我們只利用單純的例子來驗證法拉第電磁感應定律確實成立。

　　如圖 6.1 所示，我們讓繞成一圈的長方形導體迴圈在磁場中移動。迴圈的右半邊與左半邊分別處在兩道不同的磁場中。磁場均垂直於紙面、方向由下往上，其大小設左邊為 B_1、右邊為 B_2。

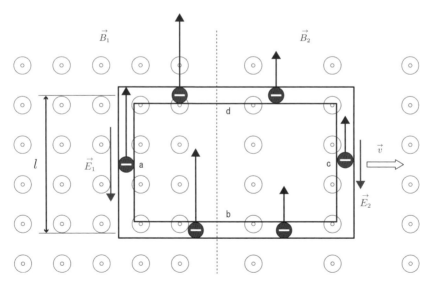

◆ 圖 6.1　證明法拉第電磁感應定律

　　現在我們假設迴圈以固定速度 $\vec{v}$ 往圖的右方移動。這樣一來，迴圈內的電子會各自受到勞倫茲力。設線圈的四個邊分別為 a、b、c、d，由於 b 邊與 d 邊受到的勞倫茲力垂直於導線，當中不會有電流產生。觀察 a 邊、c 邊，作用在

電子上的勞倫茲力分別為 $\vec{Fa}=-e\vec{v}\times\vec{B_1}$、$\vec{F_c}=-e\vec{v}\times\vec{B_2}$，方向會順著導線走。

　　不過，對與導線一同運動著的人來說，看到的卻是電場在作用。正如漫畫裡所講的，電子所受的力到底該看成是勞倫茲力，還是電磁感應所產生的電場，會根據觀察者的角度有所不同。但是就結果而言，電子所受的力量會是一樣的。帶電粒子所受的力與電場的關係是 $\vec{F_a}=-e\vec{E_1}$、$\vec{F_c}=-e\vec{E_2}$，因此 $\vec{E_1}$、$\vec{E_2}$ 的大小可以從勞倫茲力倒推回來，它們分別是：

$$邊\,a：-e\vec{v}\times\vec{B_1}=-e\vec{E_1}\quad\rightarrow\quad E_1=vB_1$$

$$邊\,c：-e\vec{v}\times\vec{B_2}=-e\vec{E_2}\quad\rightarrow\quad E_2=vB_2$$

也就是說，電場使a、c邊內部電子移動的原動力，其大小分別為 vB_1、vB_2。

　　接下來，我們沿著導線左轉，為電場作環場積分。

$$\oint\vec{E}\cdot d\vec{s}=E_1l-E_2l=vl\left(B_1-B_2\right)$$

左邊的 $\oint\vec{E}\cdot d\vec{s}$ 含有環場積分的演算符號，代表「環繞路徑一圈對行進方向的向量 $d\vec{s}$ 與電場 $\vec{E}$ 作內積，將值加總起來」。只有與電場 $\vec{E}$ 與 $d\vec{s}$ 呈平行的a邊、c邊，其內積數值不為零，因此答案就為 E_1l-E_2l，將它以磁場改寫整理後則得到 $vl\left(B_1-B_2\right)$。

　　另一方面，我們則要探討迴圈包圍的磁通量隨時間的變化。迴圈是以速度 $\vec{v}$ 向右移動，因此每秒內右側會收進 vlB_2 的磁通量、左側則脫離 vlB_1 的磁通量，因此相減得到每秒變化量為 $vl\left(B_2-B_1\right)$，與電場的環場積分值加上負號後一致。法拉第電磁感應定律

$$\oint\vec{E}\cdot d\vec{s}=-\frac{d\Phi_m}{dt}$$

確實成立。

　　另外，在這邊所展示的證明，隱藏著直觀理解法拉第電磁感應定律的竅門。a、c區間裡微小區間 ds 所感受到的感應電動勢 Eds，就等於這個區間內每秒「掃過」的面積 vds 乘上磁場 B 的量值。換個角度來看，它算的正是這區間內每秒有多少磁通線橫切過去。如果將這個量繞一整圈積分起來，算的就是每

秒有多少場線收進迴圈、有多少場線離開迴圈。而這也可以說是沿著迴圈對電場 $\vec{E}$ 作積分的值，因此將二者以等式連結起來，確實就是法拉第電磁感應定律。

 證明馬克士威－安培定律

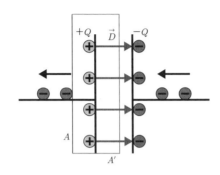

✚ 圖 6.2 從正側面觀察電容器充電

　電容器充電時馬克士威－安培定律成立，在漫畫中講到這點時沒有用到數學式，在此我們要正式來作證明。圖 6.2 是從正側面觀察電容器充電時的截面圖。面 A 是貫穿電流的平面，面 A′ 則是包夾電容器側面、平行於極板的橫切面。我們設某個瞬間，極板所積蓄的電荷量為 ±Q，面 A 與面 A′ 所製造的封閉曲面為高斯面，將高斯定律套用進去。對於電容器來說，可以視為極板上的電荷所製造的電力線均穿過面 A′，而沒有力線穿過面 A。因此

$$\Phi_e（面\ A'）= Q$$

（意思就是說「從封閉曲面穿出的電通量就等於此封閉曲面內側的電荷」）。將式子兩邊對時間作微分，左邊表示為電通量對時間的微分就變成

$$\frac{d}{dt}\Phi_e（面\ A'）= \frac{dQ}{dt}$$

式子左邊表示穿過面 A′ 電通量隨時間的變化，右邊 dQ/dt 則表示電容器所積蓄電荷的增加速率。左側極板所積蓄的正電荷會等於穿過面 A 流出的電子，因此 dQ/dt 就等於穿過面 A 的電流。如此確實顯示出穿過面 A′ 的電通量隨時間變化就等於穿過面 A 的電流。

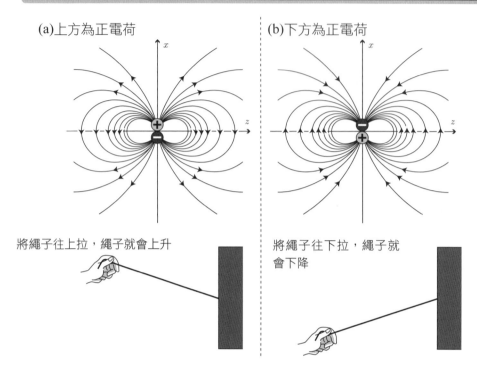

(a)上方為正電荷

(b)下方為正電荷

將繩子往上拉，繩子就會上升

將繩子往下拉，繩子就會下降

✚ 圖6.3　電偶極子產生的電場，與相對應的繩子狀態

　　馬克士威預言了「電磁波」的存在，赫茲將其證明出來，古典電磁學就此完成。確實，只要去解馬克士威方程式，就得出真空中以波型態傳遞的電場與磁場解，但是這樣的分析需要相當高度的數學技巧。因此本書嘗試不使用數學式而讓大家理解電磁波的生成機制。在此有個大前提，請大家先承認由狹義相對論推導出來的「任何物理作用都不能超越光速進行傳導」這項事實。

　　如圖6.3所示，我們在原點設置一對緊鄰的正電荷與負電荷。這種狀態我們稱為「電偶極子」。在第3章中說明過的「內部偏移開的原子」也同樣是一種電偶極子。電偶極子對周遭所發出的電力線，經計算就如圖（a）所示。從側面看來，電力線是從正電荷發出、被負電荷吸入，呈現∞的形狀。正電荷與負電荷位置稍有偏移很重要，如果正負電荷完全重疊，其外部就不會出現電力線。將正電荷與負電荷交換，電力線分布的形狀還是會一樣，但是方向相反，

會如圖（b）一般。將它們比喻成「一頭綁在牆壁上的繩子，另一頭被拉緊的狀態」，就如下方圖形所示。等一下我們就會知道這比喻的意義。

　　接下來要探討電偶極子與繫著彈簧的秤錘之間的對比。請看圖 6.4，秤錘繫著彈簧，在拉緊的狀態下放開手，則秤錘會以平衡點為中心左右振動。在原子中電荷偏移的狀態，由於也存在著電子的「質量」與庫侖力欲恢復原狀的「復原力」，因此我們可以想像它就如繫著彈簧的秤錘一般來回振動。若將它想成是偶極子的模型，則這偶極子的正負極會不斷地反轉，這就稱為「偶極子振動」。為什麼會發生偶極子振動呢？最簡單的原因在於原子之間的相互影響。「溫度」表示的是原子隨機運動的激烈程度，因此高溫的原子就會激烈地相互碰撞。這時電子會往一邊偏移過去，因而就產生了偶極子振動。在第 1 章的 follow up 中我們曾講過，「高溫物體會因為原子振動而放射出可見光領域的電磁波」，其實就是這裡所講的偶極子振動。

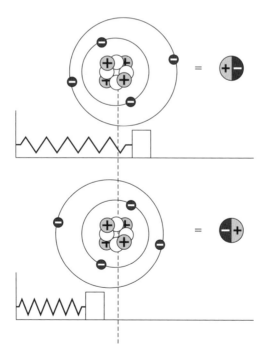

🔸 圖 6.4　電偶極子與「繫著彈簧的秤錘」之間的對比

現在我們要再次回顧圖 6.3（a）與（b），探討偶極子發出的電力線狀態，這裡我們設想有一位與偶極子距離遙遠的觀察者。他是否可以同時感受到偶極子的電場逆轉呢？狹義相對論所設下的速度限制，對於電力線的變化也不例外。擺置在原點上的電偶極子不斷地反轉發出電力線，但無法瞬間擴散對全體空間造成影響，離電荷越遠的地方就越慢受到影響。結果造成電力線在偶極子反轉的時候會從電荷「切離開來」。如果不如此，就不能滿足電力線的規則（第 2 章）了。被切離的電力線會呈環狀而逐漸遠離偶極子。

圖 6.5 是從側面觀察高速振動的電偶極子所發出的電力線。其中環狀電力線遠離偶極子的速度，經計算發現就等於真空中的光速。電力線成為環狀，對應著這條電力線沒有散度，也就表示電荷只存在於原點上。電力線形成環狀表示 $\mathrm{rot}\vec{E}$ 存在，因此就會產生磁場 $\left(-\dfrac{\partial \vec{B}}{\partial t}\right)$。

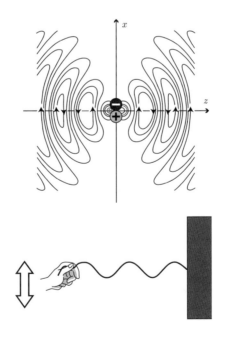

✚ 圖 6.5　振動的電偶極子對四周所產生的電力線狀態，以及弦的振動

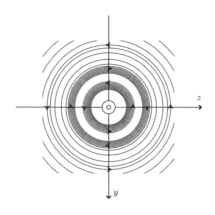

● 圖 6.6　振動的電偶極子對四周所產生的磁力線狀態

　　現在我們從磁場的角度來觀察相同的現象。偶極子在振動就表示電荷在移動，也就表示有電流流通。設偶極子的方向為 x 軸，則電流的方向就沿著 x 軸方向，我們可以將之看成單一的電流片段。電流片段所製造的磁場依照必歐－沙伐定律來表示，從電流片段正上方（x 軸的正向位置）看過去，當電流方向是從紙面下方往上走時，磁場就是逆時鐘方向；當電流方向是從紙面上方往下走時，磁場就是順時鐘方向，環繞著電流片段旋轉。電流所製造的磁通線變化也跟電力線一樣，傳遞速度有所限制，最後造成振動的電流片段在四周產生的磁場會如圖 6.6 一般形成同心圓狀，彼此方向相反的連續迴圈。看出來了嗎？這些磁通線正好潛藏在圖 6.5 的電力線迴圈當中。

　　以上的說明顯示出振動的電偶極子會發出振動的電場與磁場，也就是電磁波。將這些說明與弦的振動作一比對是很有趣的。回到圖 6.3，我們將偶極子在四周製造的電場比做拉緊的繩索向上提的狀態；反方向的偶極子則比做保持拉緊張力時向下降的狀態。如果這兩種狀態以非常快的速度彼此交替，那會發生什麼事呢？就會在弦上產生如圖 6.5 這樣的波動。由於電力線「盡可能要縮短」的性質與弦的張力是共通的，因此產生波動的機制也具有共通性。由於現代的我們已經知道馬克士威方程式與狹義相對論是正確的，因此這樣解釋起來就很容易，但是在十九世紀就能夠發展出這些概念的科學家，實在應該要受到盛大的讚譽才是。

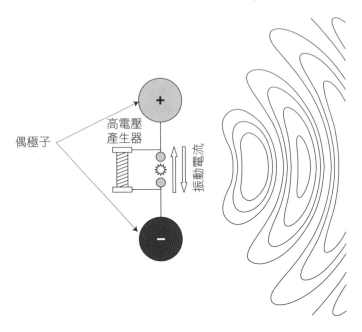

高電壓產生器

偶極子

振動電流

➕ 圖 6.7　赫茲的實驗（電力線並未精確刻畫）

　　剛才我們是以一顆原子作為例子，但是只要振動導體內部的自由電子，就能產生出電磁波。赫茲第一次生成的人工電磁波，就是以圖 6.7 這樣的裝置完成的。能產生交流高電壓的線圈接在圖片中由兩顆金屬球所構成的裝置上。有導線從金屬球連出來，但是兩邊導線相距些微的空隙。當我們給予振動電壓時，在隙縫間會產生放電現象，使導線振動、電流流通。這時，兩端金屬球會交替地積蓄正、負電荷，這就正好像偶極子振動一般。其產生的電磁波波長有數公尺，因此檢測也是要用直徑數公尺、切開一個小隙縫的導體迴圈。振動的電磁波會在迴圈產生感應電流，若是隙縫間發生放電火花，就表示電磁波被觀測到了。現在我們已經知道能夠使電偶極子更有效率地輻射出電磁波的各種導體形狀，它們已經變成被我們稱作「天線」的尋常物品了。

電磁波依據振動頻率不同被起了各式各樣的名稱。電磁波的頻率與一般稱呼的關係如圖 6.8 所示。電磁波的頻率是由其來源的電荷振動頻率所決定。波長範圍比紅外線還長的電磁波主要是從流動的電流所產生發出的，而可見光與紫外線的來源則是環繞著原子核的電子振動。真空中的電磁波速度就如後面所述，會是 3.0×10^8 m/s，所以波長就可以用公式

$$c = f\lambda$$

   c：光速 [m/s]

   f：電磁波的頻率 [1/s]

   λ：電磁波的波長 [m]

計算出來。

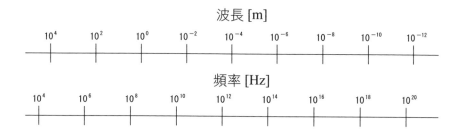

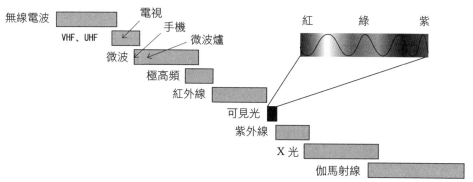

各種名稱不同的電磁波，彼此之間的界線並沒有被嚴格制定，只是被用作標準值

➕ 圖 6.8　電磁波波長、頻率與名稱的關係

step up

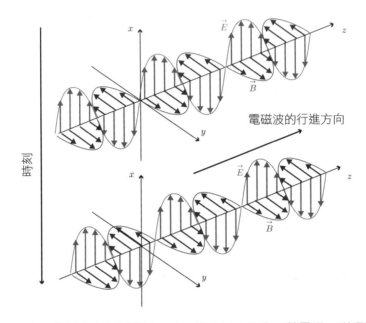

🔹 圖 6.9　沿 z 方向傳遞出去的電磁波，在 z 軸上以向量表示其電場、磁場狀態的示意圖。隨著時刻的前進，整體的傳播模式是形狀不變地沿著 z 軸移動

　　在十分遙遠的距離外觀察圖 6.5 的偶極子振動於 z 軸上的電場與磁場變化，看起來就會如圖 6.9 這樣。電磁波是電場沿著 x 軸方向、磁場沿著 y 軸方向分別以正弦波來推進的。波的前進速度可以由馬克士威方程式導出，以介質的電容率 ε 及磁導率 μ 來表示爲

$$v = \frac{1}{\sqrt{\varepsilon\mu}}$$

　　當時光的眞面目仍然未明，測量它的速度可是最尖端的物理研究題目。到底要如何測量光的速度呢？其中一種方式就如圖 6.10 所示。這是由阿曼德‧斐索（Armand Hippolyte Louis Fizeau）所研發的實驗方法，由光源、透鏡、平

面鏡與高速旋轉的齒輪所構成。自光源射出的光通過透鏡成爲光束，經過半反射鏡反射，再通過齒輪間的隙縫飛向數公里（l）外的鏡子。當齒輪靜止時，光會被鏡子反射、再次通過齒輪之間，到達半反射鏡後面的觀察者。

接下來我們讓齒輪高速旋轉。通過齒輪隙縫的光在經過鏡子反射回來時，因爲齒輪的旋轉而無法通過隙縫。當觀測到的光呈現最黑暗的時候，光線在距離 ℓ 之間來回一次的時間就可以被算出爲

$$\Delta t = \frac{1}{2Gr}$$

G：齒輪的齒數

r：轉速 [1/s]

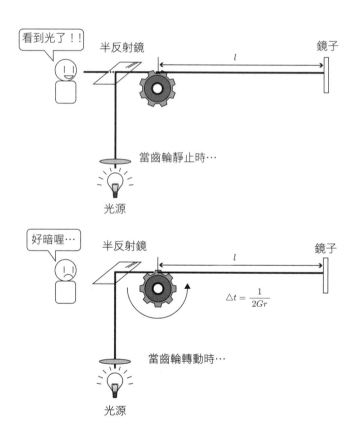

➕ 圖 6.10　測量光速方法之一例（斐索的方法）

再來只要用這個 Δt 去除 $2l$，就得到光的速度了。

　　當時人們經過許多慎重的實驗，得知光的速度為 3.0×10^8m/s。這項事實，竟與馬克士威方程式所得到的電磁波速度一模一樣。因此人們才首次明白，光的真面目其實就是一種波長很短的電磁波。

　　其中當介質是真空的時候，我們特別將這種速度稱作「真空中的光速」，以常數 c 代表。ε_0、μ_0 均為真空下的常數，不會隨時代而改變，我們相信它們是在這宇宙任何角落都不會改變的普遍數值。經過計算，其數值為 299 792 458m/s。

　　光速的測量在人們瞭解光的真面目之後仍持續不斷進行，其精準度到了 1980 年代已經超過十個位數，而這測量行動也就在 1983 年宣告結束。為什麼呢？因為 1m 的定義被改訂為

1m 的定義：

　　在真空中的電磁波於 1/299 792 458 秒之內前進的長度就定義為 1m。

因此「測量光速」這行為本身已經沒有意義了。以光的速度來定義 1m 的理由在於，它只與真空的性質有關，因此是保證不變的；同時只要備齊條件，任何人都可以再現出來，這樣具普遍性的性質用來定義長度是再適合不過了。雖然也有些爭論，如「既然公尺是最優先的基本單位，那為何定義公尺時還需要『秒』這樣的單位呢？」但是迄今人們仍未找到比這更高明的定義手法，今後大概也不會再有變化吧。另一方面，「1 秒」的定義方法自使用雷射以來有了重大進展，很快就會出現精準度達到 18 位數的原子鐘。這將意味著，我們可以以 1 秒以內的精準度，測量自宇宙開創以來一直到現在的時間。

⊕⊖ 發電機與馬達的原理

　　圖 6.11，是發電機原理的簡易示意圖。發電機是由擺設在磁場中的線圈，與自這個線圈抽取電流的機件（集電環）所構成。線圈會連結某種動力裝置，使線圈不斷旋轉。現在假設線圈從圖中的（1）轉成（2）的狀態，則穿過線圈的磁通量會隨著旋轉逐漸減少。這根據法拉第電磁感應定律會產生電動勢，其

方向會反抗磁通量的減少**趨勢**，成為圖片中箭頭的方向。如果集電環的前端接上電燈泡，當開關打開時就會有電流流通、產生光亮，這就表示動能被轉換成了電能。如果開關不打開，就不會有感應電流流通，但同時其旋轉也不會產生（摩擦力以外）阻力。你覺不覺得接上人力發電燈泡的腳踏車踏板比一般腳踏車更重？這就是日常生活中能夠體會「能源沒有免費的」最好例子之一。

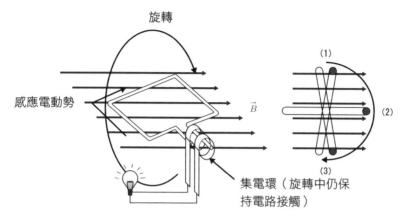

➕圖 6.11　發電機的原理

　　現在我們來看線圈從圖中的（2）旋轉成（3）時的狀態。此時磁場會增加，感應電動勢的方向就會反過來。這邊所舉的發電機，是電流方向會隨著旋轉而翻轉的「交流發電機」。如果集電環的形狀設計得當，也可以製造出專門抽取相同方向電流的直流發電機，但是交流電若利用變壓器（同樣使用電磁感應的原理）很容易就可以**變換電壓**，因此更好。所以現代的商用及家庭用電源，幾乎都是交流電。

　　現在反過來讓電流流過靜止的線圈，這時線圈會自磁場受力，力的方向會使線圈軸旋轉。我們可以用圖 6.11 的（2）來做驗證。亦即，馬達與發電機的裝置其實是完全相同，是方向相反的能源變換器。這項性質，其實是偶然被發現的。1873 年某個博覽會人員在準備展示發電機時不小心將電源接上了發電機，卻看到它自己動了起來。人們才發現，原來發電機也可以變為馬達。近年來流行的混合動力車與一般汽車同樣使用馬達加速，但減速時不用煞車，而是將輪胎的旋轉用來發電，產生的電力則會充回電池以節省能源。當然，這樣車子就不用專用的發電機積蓄電力，而是將加速用的馬達直接作為發電機用。

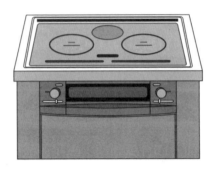

➕ 圖 6.12　電磁爐的例子

　　這個時代，「電磁爐」這種烹調廚具已經日漸普及。只要在什麼都沒有的平坦玻璃上擺上鍋子，鍋子就會自己發熱起來，真是神奇的東西。電磁爐常用的代號「IH」代表「induction heating」，翻譯過來就是「電磁感應加熱」，它是利用電磁爐內裝設的線圈磁場造成電磁感應現象使鍋子加熱。上面這種解釋是給初學者看的，既然各位已經學過前面這些正式的電磁學，我們就來用電磁學定律更詳細地解釋電磁爐的原理吧。

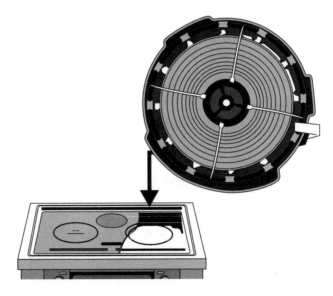

➕ 圖 6.13　電磁爐的玻璃爐面正下方擺設著線圈

電磁爐的玻璃爐面下方，放置著如圖 6.13 這樣形狀的線圈。玻璃的相對磁導率趨近為 1，對磁場來說等於沒有任何阻礙。因此現在我們只要考慮線圈製造的磁場與擺設在這磁場中的金屬（鍋底）二者的電磁學就好。

一條導線所製造的磁場會環繞著導線分布，因此線圈的四周就會產生如圖 6.14 般的磁場，而磁通量方向就是從中心呈放射狀橫切過鍋底。回想一下，作鍋子的典型材質是鐵。磁場強度 $\vec{H}$ 只由線圈流通的電流所決定，但是由於鐵具有極大的相對磁導率 μ_r，穿過鐵的磁通量 $\vec{B}=\mu_0\mu_r\vec{H}$ 會是真空或陶瓷爐面的幾千倍。

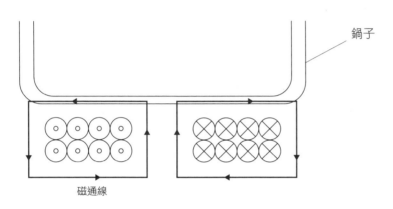

◆ 圖 6.14　電磁爐發出的磁通線與鍋底的關係

線圈內流通的電流，以數十 kHz 的頻率作交流變化。現在重點來了，由於穿過鍋底的磁通量也隨時間變化，依照法拉第電磁感應定律 $\mathrm{rot}\vec{E}=-\dfrac{\partial\vec{B}}{\partial t}$ 就會產生出電場。這產生出的電場會如何分布呢？以微分型態表示的法拉第電磁感應定律告訴我們，當磁通密度不改變方向、只改變大小的時候，會產生出環繞著磁通線的漩渦狀電場。由於相鄰的漩渦彼此重疊相消，整體產生的電場主要就會沿著鍋子表面、環繞著鍋底分布。

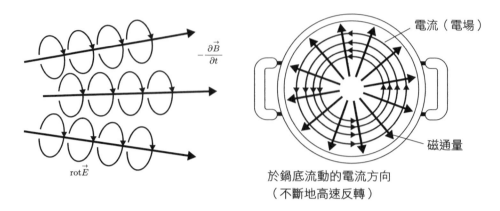

電流（電場）

$-\dfrac{\partial \vec{B}}{\partial t}$

磁通量

$\mathrm{rot}\vec{E}$

於鍋底流動的電流方向
（不斷地高速反轉）

✚ 圖 6.15　在變化的磁通量（粗線）四周形影不離的電場（細線）。合成出的電力線會
　　　　　像是繞著鍋底跑一般。電流則沿著電場方向流動

最後，請回想起歐姆定律 $\vec{i}=\sigma\vec{E}$。當導體存在於電場當中時，就會有電流流通。鍋底金屬所含有的自由電子會隨著電場（與電場方向相反地）移動，對金屬原子造成劇烈的衝突。這些衝突就會化為焦耳熱將鍋子加溫。每單位面積的焦耳熱，可以變形為邊長 L 立方體的焦耳熱 $P=IV$，得到

$$\frac{P}{L^3}=\frac{I}{L^2}\times\frac{V}{L}=\vec{i}\cdot\vec{E}=\sigma\left|\vec{E}\right|^2$$

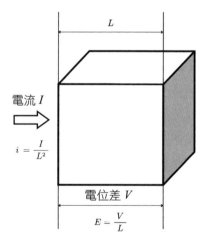

L

電流 I

$i=\dfrac{I}{L^2}$

電位差 V

$E=\dfrac{V}{L}$

✚ 圖 6.16　有固定電流流通的立方體，其單位體積發出的熱量加總起來

從前面我們可以知道，電磁爐發熱的原理與各種電磁學的定律都有關係。現在，既然知道了電磁爐的原理，就可以輕易解答下面這些疑問了。

問：電磁爐為什麼需要專用的烹調容器？

答：要產生高效率的電磁感應，採用線圈產生的磁場強度 H 能產生越多磁通密度 B，而相對磁導率 μ_r 越高的材質則是越好的。因此鐵磁性的鐵為最佳，其他如銅或鋁等雖同樣是金屬，其相對磁導率都趨近於 1.0，產生感應電場的效率就顯著低落。話雖如此，近來線圈的構造與流通的電流頻率都有所改良，已經研發出連鋁鍋也能使用的電磁爐了。玻璃鍋與陶瓷鍋雖然相對磁導率也是 1，但是感應電流無法在其中流通，因此在原理上就無法加熱。

問：為什麼電磁爐比瓦斯爐還省能源？

答：電磁爐是利用電磁感應產生的電流作為熱源。也就是說，除了鍋底以外的部分並不會發熱。根據能量守恆定律，感應線圈的消耗電力，若不計線圈本身的電阻，會全部轉換為加熱鍋底用的功，因此不會浪費掉能源。另一方面，瓦斯爐除了加熱鍋底外，還會對周遭的空氣以及爐子本身加熱，因而會造成能量的浪費。

問：電磁爐有什麼缺點嗎？

答：除了一開始說明的鍋子材料的問題以外，若要說電磁爐還有什麼缺點，大概就是如果不接近線圈就沒有效果。其理由在於，鍋底若未置放在強力磁場當中就不會產生感應電流，磁場強度大致與鍋底到線圈的距離呈反比。因此如炒菜鍋那種底部是圓形的鍋子，或是反過來中間呈凹狀的烹調器具，加熱效果都不好。說到底，如果要善用電磁爐，購買「IH 對應」的專用鍋是最好的。另外也要注意，在烹調過程中不要移動鍋子，也不要使用搖晃或傾斜鍋子的烹調技術。由於它從原理上就無法對鍋子以外的東西加熱，因此也不能用在烘烤等烹調方式上。市面上販賣的 IH 調理機，只有在烤魚用的烤肉架部分是使用一般的電熱爐。

請問，哪一項特殊工具曾經在電影《哈利波特》、《多啦A夢》，以及動漫迷才比較知道的科幻系列《攻殼機動隊》這三部作品當中都出現過？答案是：只要罩在身上就能使身體變成透明的「透明披風」或者「光學迷彩」。「透明人」也是常見的故事題材，不過那並沒有任何科學根據，但相對地，「光學迷彩」則是科學家認真研究的對象。

　　對於光或者說電磁波而言，物質的定義是「電容率與磁導率異於真空的東西」，而各種物質都具有與真空不同的電容率與磁導率。「看見東西」這個現象究竟是怎麼一回事呢？那就是：太陽所發出的光線在接觸到物體——也就是電容率與磁導率與空氣不同的邊界時，會往四面八方反射出去，傳播出「那裡有物體」的訊息※。那麼如果光線完全被吸收了呢？當指出其位置的光線完全不被我們看到時，反而會看到那裡有一個全黑的物體，因而暴露了它的存在。順帶一提，近年來流行的「隱形戰機」就是將電波頻率完全吸收。只是因為對於雷達的頻率而言，我們所處的世界本來就是「全黑」的，因此只要戰鬥機不反射雷達信號，雷達就無法從黑暗的四周環境中將之辨別出來。

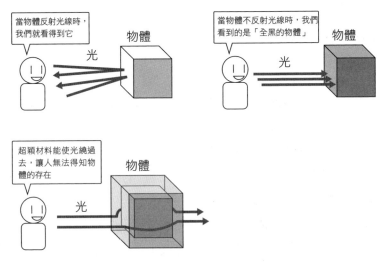

✚ 圖 6.17　使物體不被看見的原理

※ ε、μ若與周遭相同，物體就會變透明。在蜜豆中的寒天就是個很好的例子。

那麼要如何在大太陽底下隱藏自己呢？只要罩上能讓光線沿著表面彎曲過去的披風就可以了。光線會沿著披風彎曲，射向後方的物體再反射回來，因此你雖然擋在這路程當中，卻不會有任何人知道。事實上，近十年來對於「超穎材料」的研究已經有了重大進展，人們已經確知只要使用超穎材料，上面所講的事情在理論上都是可能的。

超穎材料是由如圖 6.18 這樣比波長還小的人造物質，具有根據精密計算所建構的複雜結構。而超穎材料的理論根據，就是我們努力學習的、在 150 年前發現的馬克士威方程式。

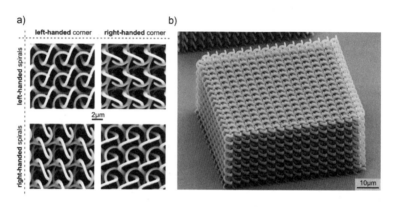

➕ 圖 6.18　近期製造的超穎材料一例

（M. Thiel *et al.*, "Three-Dimensional Bi-Chiral Photonic Crystals." Adv. Mater. 21 4680(2009). Copyright Wiley-VCH Verlag GmbH & Co. KGaA. Reproduced with permission.）

如果物質的細微結構比波長還小，對於電磁波而言，它還是具有某種電容率、磁導率大小的均勻物質。而人們發現某種結構還能造成「負的電容率」、「負的磁導率」。請回憶一下表示電磁波速度的公式，在真空中是 $c = \dfrac{1}{\sqrt{\varepsilon_0 \mu_0}}$，物質中則是 $v = \dfrac{1}{\sqrt{\varepsilon \mu}}$（$\varepsilon$、$\mu$ 為物質的電容率與磁導率）。若金屬等具有電導率的物質，其 ε 值為負數，由於平方根當中不能為負數，光線就無法在這些物質當中傳遞。那麼如果 ε 與 μ 都是負數又會如何呢？因為負負得正，理論上光線在這種物質當中還是可以傳遞，但是傳遞的方向會與我們常識中該行進的方向完全相反。具體來說，就是光會在折射率互異的介面上產生折射，但是射進超穎材料的光線卻會折射到與常識相反的方向。

尋常的液體　　　　　　　　　超穎材料

🔹 圖 6.19　　如果有液體的超穎材料，光線的折射就會像這樣
G. Dolling *et al*., Opt. Express14(2006)1842.

　　如果能巧妙運用這項性質，理論上就可能製造出讓光線沿著其表面跑掉的膜狀物質。目前研究最為先進的是美國，其國防部重視超穎材料的軍事價值，投注了莫大預算讓各大學等組織進行研究。微波雖然與光同樣都是電磁波，但是其波長長達 10 cm，要做出超穎材料的結構只要達到 mm 單位即可達成，技術門檻較低。2006 年美國杜克大學的研究團隊製造出世界第一套在微波範圍下的「透明披風」而成為熱門話題。

　　電腦技術的根源──半導體及電晶體，若沒有二十世紀才發現的「量子力學」知識是不可能實現的。但是超穎材料的理論，不需要超過馬克士威方程式以上的任何知識就可以了解。也就是說，這項在二十一世紀才出現的、如魔法般的技術，是依據 150 以前所完成的理論才能萌芽的。說不定哈利波特就是使用超穎材料隱身的呢。

「任何高度發展的科技都與魔法無異。」（A. C. 克拉克：二十世紀代表性的科幻小說家）

開發宇宙最大的瓶頸就在於太空梭發射的成本，

質量投射器？

但是如果能夠造出質量投射器，就能一下拉近與宇宙的距離。

簡單來講，就是用磁軌砲使貨物加速、把它打進宇宙的裝置！

這點子真是豪邁！

妳真的想這樣做嗎？

這還是要建在月球表面上唷。

在缺乏資源的月球表面上，要發射太空梭比地球還困難許多，

但是若使用磁軌砲，一旦建造完畢，只需要電力就可以將大量物資送往宇宙。

好棒喔，

這夢想。

所以才說月亮啊…

我、
我都說了我的夢想，
你也講講你的吧。

咦？

那，我的夢想
也是一樣。

我一直都想追
上妳呀。

228

附錄

向量與純量

什麼是向量

　　物理學在處理的對象，其實只有「長度」、「重量」這種「可測量的量值」，這些量值稱為「物理量」。像「有趣」或「美麗」等等就沒辦法當作物理量了。而物理量又可再區分為「向量」與「純量」。

　　純量就是只有大小的物理量。比方說，物理學中最基本的三種物理量：「長度」、「重量」與「時間」，都屬於純量。那麼向量是什麼呢？它就是「具有大小與方向的物理量」。我們舉個具體的例子吧。假設有一座有風吹著的高爾夫球場，而你現在正站在開球區。為了得知風向，你拔了一束草迎風放開。要打出準確的球路，你不但要知道風力有多強，還要看清楚風是往哪個方向吹。像這樣光是大小無法確立的量值，就稱為向量。

　　電磁學所處理的物理量大多數是向量，因此要了解電磁學，絕對需要懂得向量。這邊我說的「懂得」並不是把公式背起來，而是要能在腦中建立向量的圖像。但是電磁學所處理的都是眼睛看不到的物理量，想像起來並不容易。在此我們先來探討眼睛能看見的具體向量作為練習。同時顧及物體運動有多快與運動方向的量稱為「速度向量」。要直觀地表示向量，就可以如圖A.1般畫成箭頭。一般規定箭頭的指向表示運動方向、箭頭長度表示運動的快慢。

　　大小的表示基準看情況自由決定，重點就是「箭頭的長度與運動速度呈正比」。向量會從箭頭的尾端位置往尖端位置前進，因此我們將尾端稱為「起點」、尖端稱為「終點」。

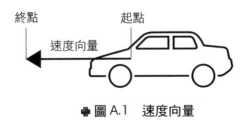

圖 A.1　速度向量

　　為了區別出向量，我們會在符號上方加上一個箭頭，寫成如「向量$\vec{A}$」一般。這裡要強調的是，向量所具備的資訊只有「方向」與「大小」，無論從哪個坐標位置發出，對於向量都沒有任何影響。因此，向量是可以平行移動的。

向量即使平行移動也
不會改變其物理量

為了區分出向量，我們在符號上方
加一個箭頭，有些書也會以粗體字
母來表示。

本書的表示法 $\vec{A}$　$\vec{B}$　$\vec{C}$
其他的表示法 A 、B 、C

✚ 圖 A.2　向量符號的表示法

　　空間上一點的位置也是一種向量。表示A點的向量定義為「自原點到A點的距離為其大小，從原點看來A點的方向則為其方向」，這就稱為「位置向量」。將它照實畫下來，就是如圖A.3所示，自原點拉向A點的向量。當然，位置向量也與其他向量一樣，平行移動並不會影響它的本質。

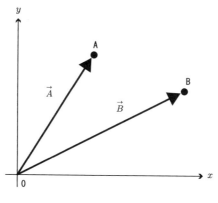

✚ 圖 A.3　「位置向量」的概念

　　講到這裡，學過高中物理的人可能會感到奇怪：「在推動物體之類的情況時，施力推動的位置不就是向量的出發點嗎？」在此希望你要記得，在高中物理中是把物體當作沒有大小的點來看。也就是說，無論物體是被「推動」或「拉動」的，為求方便我們都把物體近似為一個點，無論施力點位於物體何處，只要力的向量相同，其結果都是一樣的。那麼施力點究竟在什麼情況時才

變得重要呢？是在討論「槓桿原理」等必須考慮物體大小的問題時。這時位置向量的定義就要表示出「施力的位置」。而物體所受到的效應爲「位置向量」與「力向量」做「外積」（其意義會在後面詳述）而得的物理量「力矩」，如此既可以解釋爲何物體受到相同的力還會有不同的結果，也同時滿足「力作爲向量，就算平移也不會改變其本質」的法則了。

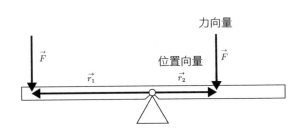

逆時鐘旋轉的力矩 $\vec{r_1} \times \vec{F}$

順時鐘旋轉的力矩 $\vec{r_2} \times \vec{F}$

$|\vec{r_1} \times \vec{F}| > |\vec{r_2} \times \vec{F}|$ ，因此槓桿會逆時鐘旋轉

✚ 圖 A.4　位置向量與力矩

　　向量與純量一樣是可以作加減法的量值，但是它不只是單純的加減數值而已，規則稍微複雜一點。向量 $\vec{A}$ 與 $\vec{B}$ 的加法，要如圖 A.5 所示，將向量 $\vec{A}$ 的終點與向量 $\vec{B}$ 的起點銜接起來，再連接起 $\vec{A}$ 的起點與 $\vec{B}$ 的終點，才得到 $\vec{A}+\vec{B}$。

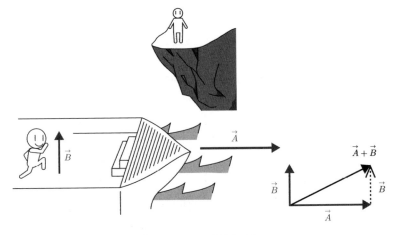

✚ 圖 A.5　向量的加法

我們來想想，這種加法能夠對應到現實裡的什麼現象呢？現在假設在一艘以速度向量 $\vec{A}$ 航行的船上，有一個人以速度向量 $\vec{B}$ 行走著。從岸上看起來，這個人就是以速度向量 $\vec{A}+\vec{B}$ 在移動。向量加法的定義就像這樣，是看現實世界裡兩道向量加總起來時會發生什麼事，而對應到箭頭的操作上。

減法呢？那就要想成「加上一個負的向量」。負的向量就像各位所想像的，是與某一向量大小相同而箭頭方向相反的向量，寫作 $-\vec{A}$。所以 $\vec{A}-\vec{B}$ 就可如圖 A.6 這樣計算。現在你可以想像向量的 2 倍、3 倍會是什麼樣子吧？與某向量方向相同而大小為 2 倍的向量就是 $2\vec{A}$、3 倍的就是 $3\vec{A}$。由於 2 與 3 皆為純量，這就稱為「向量的純量倍數」。懂了這些，你就可以對向量進行基本的運算了。

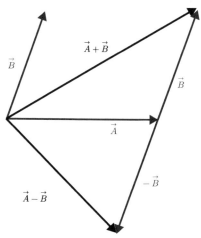

✚ 圖 A.6 　向量的加法與減法

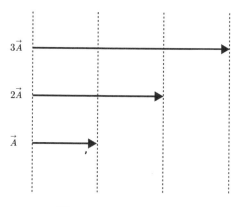

✚ 圖 A.7 　向量的純量倍數

⊕⊖ 「場」的概念

　　要了解電磁學，還需要了解「場」的概念。話雖如此，它並不難懂，同樣只要用圖像去理解即可。現在同樣假設你身處高爾夫球場，所站的位置有一道含有風速、風向的向量。那麼，要如何測量第一洞區域的整體風吹狀態呢？沒錯，找許多人以相等間隔站立其中，一同拔草讓風吹即可。當我們能夠像這樣定義一個空間（在這例子中為高爾夫球場）中各點的向量（在這例子中為風的方向與強度）時，這就稱為「向量場」。由於在大多數情況下，各點的物理量是看不見的，所以要表示向量場的時候，常用的方式是將向量箭頭相距等間隔一個個畫出來。比方說如圖A.8就是用向量箭頭表示平行擺設的二道電流在周遭製造的磁場。被產生的磁場會在電線四周如漩渦般分布。那麼如果是方向相反的二道電流相距一段距離擺設，其磁場會如何分布呢？雖然我們也可以用數學式表示，但用箭頭表示會更一目瞭然。我們都很清楚，電場在兩道電流所夾的空間內會增強。事實上，由於電場與磁場是三維的向量場，因此這應該要以三維來談才是，但是由於紙張是二維的，要把它表現出來並不太容易。

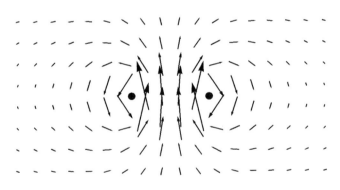

　➕ 圖 A.8　平行擺設的電場，其四周的磁場向量場

　　既然有向量場，那也就有純量場，它就是在空間中各點均能定義出純量的場，比方說房間裡的溫度。當暖氣機開起來時，暖空氣會上升，使靠近天花板的空氣變暖，靠近地板的則相對較冷。但是如果暖氣機設計良好，是可以讓地板附近變得溫暖、使人舒適的。這時房間裡的溫度分布，就是純量場的例子。表示純量場的方法，常為人所使用的是將物理量（在這例子中為溫度）大小分

別對應顏色、以顏色的區分來作表示。

　　你知道「熱影像」這種東西嗎？它是結合了紅外線偵測器與電腦的機械裝置，能夠偵測依溫度而有所不同的紅外線，將溫度分布以不同顏色表示出來。若將房間的溫度以熱影像來表示，就會像圖A.9這樣，一看就能知道各種暖氣機原理會造成房間的溫度場如何分布。順帶一提，聽了筆者講的冷笑話、整個冷掉的「場面」應該是屬於純量場（笑）。

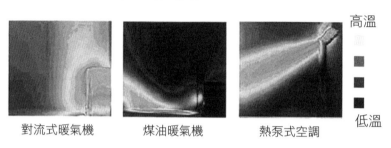

高溫

低溫

對流式暖氣機　　　　煤油暖氣機　　　　熱泵式空調

✚ 圖 A.9　暖氣機的原理不同，房間的溫度場也會不同

　　還有其他表示純量場的方式，最具代表性的就是「等高線」了。以地圖為例，圖中各地點的純量：「標高」就建構成一個純量場。為了讓這個場能易於辨識，人們創造出等高線這種方法，將純量（標高）相等的點連接成線，就成為了等高線。畫出不同標高的等高線，就可以看出純量場的分布狀態。在電磁學當中，也會運用到等高線的概念唷。

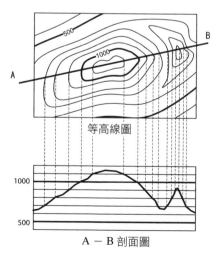

等高線圖

1000

500

A－B剖面圖

✚ 圖 A.10　以「等高線」表示的純量場（標高）

　　當有一向量 $\vec{A}$ 存在時，其向量大小可以用向量加上絕對值符號的 $|\vec{A}|$ 來表示，$|\vec{A}|$ 自然屬於純量。即使一項物理量如「沿著 x 軸的運動」這樣屬於向量，當我們確知這向量的方向不會改變時，是可以把這物理量當作純量看待。這時的加減乘除與其他計算，都只要以向量的絕對值來進行即可。

　　接下來我們來看 $\vec{A}$ 除以 $|\vec{A}|$

$$\vec{e_A} = \frac{\vec{A}}{|\vec{A}|}$$

其必定會形成「方向與向量 $\vec{A}$ 相同、大小為 1 的向量」，我們將它取名為「$\vec{A}$ 方向的單位向量 $\vec{e_A}$」。由於 $\vec{A}$ 與 $|\vec{A}|$ 的維度相同，單位向量就沒有維度。可以說，單位向量是自一個向量中只抽取「方向」這個資訊而成的。向量的絕對值則是將向量的「方向」資訊去除掉，因此二者是剛好相對的概念。

　　單位向量的概念，在處理到向量的數學與物理領域時都會頻繁出現。下面要說明的就是代表性的例子「向量的分量表示」。比方說必歐－沙伐定律是表示電流片段在自身周遭所製造的磁場，寫作

$$d\vec{B} = \frac{\mu_0}{4\pi} \frac{Id\vec{s}}{r^2} \times \vec{e_r}$$

$d\vec{B}$：電流片段在 P 點四周所製造的磁場 [T]

$Id\vec{s}$：電流片段 [Am]

r：電流片段與 P 點的距離 [m]

$\vec{e_r}$：r 方向的單位向量

μ_0：真空磁導率 [H/m]

其中就用到了位置向量 $\vec{r}$ 方向的單位向量 $\vec{e_r}$。

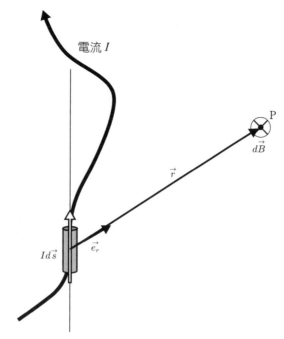

電流 I

P

$\overrightarrow{dB}$

$\vec{r}$

$I\overrightarrow{ds}$

$\overrightarrow{e_r}$

🔷 圖 A.11　必歐－沙伐定律的定義與單位向量 $\overrightarrow{e_r}$ 的關係

如果不使用 $\overrightarrow{e_r}$，可以寫作

$$\overrightarrow{dB} = \frac{\mu_0}{4\pi} \frac{I\overrightarrow{ds}}{r^3} \times \overrightarrow{r}$$

意義也完全一樣，所以有些教科書也會這樣寫，但是這樣就使得「電流片段所製造的磁場與 r 的平方呈反比」這項重要的意義被隱蔽起來了，因此我不喜歡這種寫法。

在圖 A.11 的 P 點上，有個畫成 $\otimes$ 的符號，它是什麼意義呢？它表示向量 $\overrightarrow{dB}$ 是垂直地從紙的正面往背面貫穿的意思。詳情請參照第 5 章的 follow up（163 頁）。

本書在表達觀念上盡可能避免使用數學式，但是在正式的電磁學當中，你還是需要能夠對電場、磁場等向量作正確的計算。可是如果碰到用箭頭來表示向量的時候，不就沒辦法準確計算了嗎？這時該怎麼辦呢？我們必須將向量表示成分量，再代換成代數運算。

　　現在來說明方法。首先我們設想彼此呈正交的 x 軸與 y 軸坐標，這種坐標稱為「直角坐標」，或者為紀念發明他的人，也稱作「笛卡爾坐標」，它是最最基本的坐標系。其他還有些什麼樣的坐標系呢？還有如「極坐標」、「圓筒坐標」等等，根據不同問題的對稱性而各有作用。但是這些坐標系還要處理單位向量所以較為複雜，目前我們集中在直角坐標就好。接著要探討向著坐標軸方向的單位向量。二維的坐標為 x 與 y，因此我們設向著 x 方向、大小為 1 的向量為 $\vec{i}$，向著 y 方向的則為 $\vec{j}$。

　　在此我們要示範，只要使用向量和與純量倍數的性質，任何向量都可以用 $\vec{i}$ 與 $\vec{j}$ 來表示。比方說來看如圖 A.12 所示的某速度向量 $\vec{v}$，其速度就可表示為沿著 x 軸的速度向量 $\vec{v_x}$，與沿著 y 軸的速度向量 $\vec{v_y}$ 的和。再來請注意到，$\vec{v_x}$ 表示「$|v_x|$ 此一純量與單位向量 $\vec{i}$ 的乘積」。現在若設 x 方向速度的大小為 3m/s、y 方向速度的大小為 2m/s，則速度向量 $\vec{v}$ 就可用 $\vec{i}$ 的 3m/s 倍與 $\vec{j}$ 的 2m/s 倍加總起來得到。寫成數學式就是

$$\vec{v} = 3\vec{i} + 2\vec{j} \ [\text{m/s}]$$

　　這樣你就可以看出來，只要依據上述步驟，任何二維平面的向量都可以用 $\vec{i}$ 與 $\vec{j}$ 表示為單位向量與純量的組合。要表示 $\vec{i}$ 的 a 倍與 $\vec{j}$ 的 b 倍組合起來的向量

$$\vec{A} = a\vec{i} + b\vec{j}$$

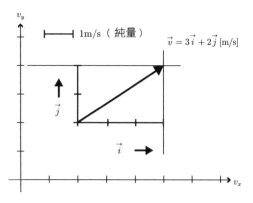

● 圖 A.12　任意向量都可利用單位向量來表示

一般會將向量符號省略只保留大小，寫作 $\vec{A}=$（a，b）或 $\vec{A}=\begin{pmatrix} a \\ b \end{pmatrix}$。這些表示法稱爲「向量的分量表示」。這裡是爲了便於理解而用二維來解釋，但是如果在三維的情況，就會使用到 z 軸方向的單位向量 $\vec{k}$，變成

$$\vec{A} = a\vec{i} + b\vec{j} + c\vec{k} \quad 分量表示： \quad \vec{A} = \begin{pmatrix} a \\ b \\ c \end{pmatrix}$$

以分量來表示向量後，就可以將向量之間的計算全部代換爲分量的代數運算了※。設 $\vec{A}=$（1，2）、$\vec{B}=$（3，4），我們來試著計算 $\vec{C}=2\vec{A}+3\vec{B}$。首先將它們表示爲分量。

$$2\vec{A} + 3\vec{B} = 2\begin{pmatrix} 1 \\ 2 \end{pmatrix} + 3\begin{pmatrix} 3 \\ 4 \end{pmatrix}$$

計算向量的純量倍，只要將括弧外面的數值乘進括弧內部即可。

$$2\begin{pmatrix} 1 \\ 2 \end{pmatrix} + 3\begin{pmatrix} 3 \\ 4 \end{pmatrix} = \begin{pmatrix} 2 \\ 4 \end{pmatrix} + \begin{pmatrix} 9 \\ 12 \end{pmatrix}$$

向量與向量的加法，就變成分量之間的加法。

$$\begin{pmatrix} 2 \\ 4 \end{pmatrix} + \begin{pmatrix} 9 \\ 12 \end{pmatrix} = \begin{pmatrix} 2+9 \\ 4+12 \end{pmatrix} = \begin{pmatrix} 11 \\ 16 \end{pmatrix}$$

這麼一來，我們不需要用到箭頭就可以直接進行向量的數值運算了。

 向量的積

　　向量有乘法嗎？答案先前講過，的確是有的。而且向量與向量的乘積有分為「內積」與「外積」二種。內積與外積都是數學定義的規則，但是其道理與物理學非常搭配。

　　首先我們來看內積。內積的數學定義就是像這樣：「向量 $\vec{A}$ 與向量 $\vec{B}$ 的內積，就是 $\vec{A}$ 的大小乘上 $\vec{B}$ 的大小，再乘上 $\vec{A}$ 與 $\vec{B}$ 夾角 θ 的餘弦函數。」

$$C = \left|\vec{A}\right|\left|\vec{B}\right| \cos\theta$$

$\vec{A}$ 與 $\vec{B}$ 的內積可以寫成

$$C = \vec{A} \cdot \vec{B}$$

內積的答案都會是純量，因此也稱為「純量積」；又因為它的符號是以「點」來表示，也有人稱為「點積」。

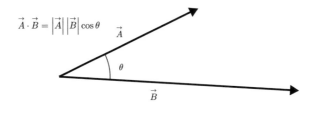

🔶 圖 A.13　向量的「內積」

那麼內積在什麼情況下有用呢？舉個容易想像的例子，來看看「機械功」吧。功就是「施加力量往某一方向推過去」，若施加力 F、往力的方向推了 x 的距離，其機械功就爲 $W = Fx$。不過世上的運動可不是都會往著施力的方向前進。我們來看如圖 A.14 這樣，水平地對一塊在斜面上的方塊施力的情況。雖然水平施力，方塊還是會沿著斜面往上移動。那麼機械功該怎麼看呢？要記得，既然力屬於向量，就可以表示成兩道向量的和。$\vec{F}$ 可以表示爲沿著斜面的分量 $\vec{F_x}$ 與垂直斜面的分量 $\vec{F_y}$ 二者的和。由於 $\vec{F_x}$ 是沿著方塊移動的方向，依據功的定義就可以寫成 $W = F_x x$。那麼 $\vec{F_y}$ 呢？既然方塊在 $\vec{F_y}$ 的方向上一點也沒有移動，這股力自然就沒有作功了。好，現在來看看 $\vec{F}$ 與 $\vec{F_x}$ 的關係。$\vec{F}$ 爲水平方向、$\vec{F_x}$ 爲沿著斜面的方向，因此它們就具有

$$F_x = F \cos \theta$$

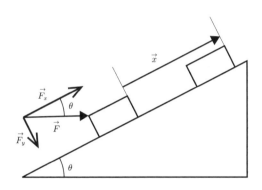

◆ 圖 A.14　推動方塊使之沿斜面移動

的關係。所以機械功就有

$$W = F_x x = Fx \cos \theta$$

的關係。也就是說，即使碰到力的方向與運動方向不一致的情況，只要計算內積

$$W = \vec{F} \cdot \vec{x}$$

就可以算出力所作的機械功。附帶一提，根據能量守恆定理，在沒有摩擦力的情況下，無論施力方向如何，將方塊從斜坡底送往坡頂所需要的功 W 大小都是固定的。

從內積的定義可看出，其大小不但與兩條向量的大小有關，還會隨著所夾的角度而改變。對與相互正交的向量取內積，其值就會是零。這代表什麼意義呢？以機械功為例就是

$$\vec{F_y} \cdot \vec{x} = 0$$

也就是說，如果物體在推動的方向上沒有運動，這股力對於機械功就沒有任何貢獻。電磁學當中常常出現的內積，有沿著某條路徑的「線積分」：如圖 A.15（a）當中向量場與微小線段向量 $\vec{ds}$ 的內積，還有在某個面上的「面積分」：如圖A.15（b）當中向量場與微小面積向量 $\vec{dA}$ 的內積。

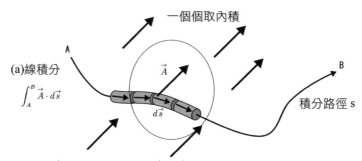

向量場 $\vec{A}$ 當中，沿著某一自 $\vec{A}$ 至 $\vec{B}$ 的路徑作線積分。
沿著路徑 s 一面前進，一面取 $\vec{A}$ 與 $\vec{ds}$ 的內積。

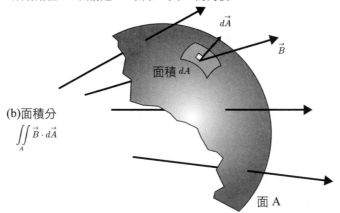

向量場 $\vec{B}$ 當中，對面 A 作面積分。
將面 A 分割為 $\vec{dA}$，分別取對 $\vec{B}$ 的內積再加總起來。

🔸 圖 A.15　線積分與面積分

要利用直角座標的分量表示來計算內積時，要遵守以下規則：

$$\vec{A} \cdot \vec{B} = \left(\begin{array}{c} A_x \\ A_y \end{array} \right) \cdot \left(\begin{array}{c} B_x \\ B_y \end{array} \right) = A_x B_x + A_y B_y$$

相較於內積，外積則非常的麻煩。$\vec{A}$ 與 $\vec{B}$ 的外積會是向量。外積的定義為「設向量 $\vec{A}$ 與向量 $\vec{B}$ 的外積為向量 $\vec{C}$，則 $\vec{C}$ 的大小，就是 $\vec{A}$ 的大小乘上 $\vec{B}$ 的大小，再乘上 $\vec{A}$ 與 $\vec{B}$ 夾角 θ 的正弦函數。

$$\left| \vec{C} \right| = \left| \vec{A} \right| \left| \vec{B} \right| \sin\theta$$

而 $\vec{C}$ 的方向則是位於包含向量 $\vec{A}$ 與 $\vec{B}$ 的平面的法線上，向著由 $\vec{A}$ 到 $\vec{B}$ 的右手螺旋（逆時鐘）方向。」

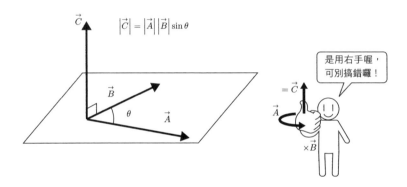

● 圖 A.16　向量的「外積」

外積的結果，其方向會與 $\vec{A}$ 及 $\vec{B}$ 均成垂直，因此二維空間當中沒有外積存在。「右手螺旋方向」就是如圖 A.16 所示，從向量 $\vec{A}$ 往 $\vec{B}$ 的方向以右手握拳，拇指所指的方向。外積的數學式可寫成

$$\vec{C} = \vec{A} \times \vec{B}$$

由於外積的答案為向量，又稱為「向量積」；又因為其符號是一個「叉叉」，也有人稱為「叉積」。

那麼，在什麼時候我們會用到外積呢？若要舉個容易想像的例子，就來看看力學領域中的「力矩」。力矩是對於表示某一軸的旋轉強度有多強的量值。像汽車的性能，也有一項是看「最大扭力*」，最大扭力越大，輪胎的旋轉力就越強，車子就能夠載送越重的貨物、也能夠攀登更陡峭的斜坡。對於四輪驅動車與卡車而言，扭力比起馬力是更重要的性能。我們一開始稍微提到的「槓桿原理」也可以用力矩來解釋。

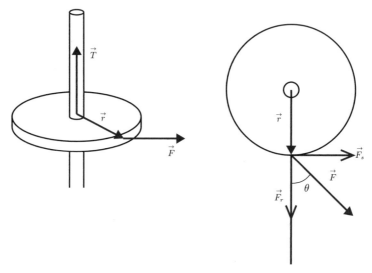

⊕ 圖 A.17　外積與力矩

　　當我們讓一個軸旋轉時，如果在軸上裝一個圓盤來轉動其邊緣，就可以用較輕的力量創造較大的力矩，這就是「槓桿原理」。因此力矩就被定義為「力量與從力到軸之間距離的乘積」。一般來說，當我們要使軸承旋轉時，要在圓盤的切線方向上施力，大家都知道這是效率最好的方法。但是我們要故意來看並非如此的情況，探討如圖 A.17 這樣方向不在圓盤切線上的力 $\vec{F}$，會產生怎麼樣的力矩。注意，這裡也是要將力的向量表示成沿圓盤切線方向的向量 $\vec{F_s}$ 與沿著半徑方向的向量 $\vec{F_r}$ 二者的和。這樣一來應該就可以知道，對於旋轉軸承具有貢獻的就只有 $\vec{F_s}$ 而已，$\vec{F_r}$ 只是想將軸承往外拉而已。因此力矩的大小就是 $T=rF_s$。而如果將旋轉軸設為原點，施力點的位置向量設為 $\vec{r}$，$\vec{F}$ 與 $\vec{r}$ 的

*譯註：扭力與力矩英文為同一字「torque」。

246

夾角為 θ，則我們可以得到

$$F_s = F \sin \theta$$
$$T = rF_s = rF \sin \theta$$

這樣的關係。也就是說，即使施力方向與旋轉方向並不一致，只要計算外積，還是可以算出使軸承旋轉的力矩大小。這時依照慣例，把力矩定義為「軸承方向上具有的向量 $\vec{T}$」。而向量的方向必需要是對旋轉方向作右手握拳的拇指方向，則根據外積定義，計算

$$\vec{T} = \vec{r} \times \vec{F}$$

就可以求出施力使軸承旋轉的力矩。

前面所講的都是以力的向量與圓盤處在同一平面上作為前提，但其實我們也可以探討往圓盤斜上方向施加的力 $\vec{F}$。這樣使用外積計算力矩時，力矩向量就不會在軸承方向上。這個結果的意義在於，力 $\vec{F}$ 不僅會造成使軸承旋轉的力矩，還具有「使軸承方向改變的力矩」。

外積與內積相反，在兩道向量呈正交時數值最大。從這來探討力與力矩的關係，就會與下列事實相對應：要使軸承旋轉最有效率的方法就是沿著圓盤的切線方向（$\theta = 90°$）施力，如果 $\theta = 0°$，其施力只會推拉軸承而已，完全不會有使軸承旋轉的作用。

在電磁學定律中最常見的外積，就是計算電流自磁場受到的力。當「磁場向量」$\vec{B}$ 存在時，「電流向量（電流片段）」$Id\vec{s}$ 受到磁場的力就寫成

$$\vec{F} = Id\vec{s} \times \vec{B}$$

也就是電流與磁場的外積。這點表示成圖像，就是像圖 A.18 所示。你是不是有想過，如果乾脆直接定義「磁場就是位於電流受力方向上的向量」多簡單？磁力與庫侖力不同，它是由電流這種具方向的向量所產生的力，因此我們也就只能用現有的方式去設想它了。電流所受的力必定向著與電流呈正交的方向，因此以外積來定義磁力是最為恰當的。

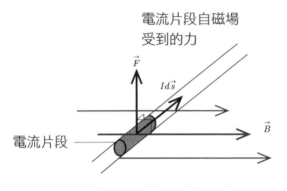

電流片段自磁場
受到的力

電流片段

◆ 圖 A.18　電流、磁場、磁力的關係

直角坐標的分量表示在計算外積時，須遵守以下的麻煩規則：

$$\vec{A} \times \vec{B} = \begin{pmatrix} A_x \\ A_y \\ A_z \end{pmatrix} \times \begin{pmatrix} B_x \\ B_y \\ B_z \end{pmatrix} = \begin{pmatrix} A_y B_z - A_z B_y \\ A_z B_x - A_x B_z \\ A_x B_y - A_y B_x \end{pmatrix}$$

舉個好懂的例子，我們來探討以標高作為純量的純量場。標高會隨著位置而不同，就表示如果我們擺上一顆球，球就會滾出去。也就是說，標高隨各位置不同的場，當中的所有地方都會是坡道。從向量場的角度來看這個性質，我們就稱之為純量場的「梯度」或「傾斜度」。正確來說，純量場梯度這種向量場，在不同位置上具有純量的變化率，箭頭是定義為朝向純量增加的方向，也就是斜坡向上的方向。重要的是，能夠表示為可微分圓滑函數的純量場必定存在著梯度，某一點上的梯度必定只有一個值。以地圖為例，當我們放置一個小球時，小球自然滾下去的方向相反過來就是這個位置的梯度。我們不可能每次把球放在同一個地方，它卻往不同方向滾去吧？

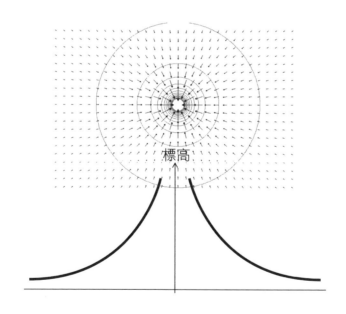

+ 圖 A.19　富士山的等高線與它「傾斜程度」的向量場

一個點上梯度向量的大小就等於這個點的純量變化率，也就是微分。以球為例，就是滾動劇烈程度的變化率。像富士山這樣坡度漸漸變陡的山，就是一個例子。這座山的標高為純量，以等高線表示就會像圖 A.19 這樣。而梯度的向量場就如箭頭所示。等高線與梯度向量必定呈正交。大學課程當中會用數學式子來證明這項性質，但是畫成圖來看，這還真是理所當然的事呀。

前面為了好懂起見，舉的是二維純量場的例子。現在希望各位能挑戰一下，能否在腦中建立出「三維純量場的梯度向量場」。假設你變成一隻蜜蜂，飛來飛去採著蜜。在某個時刻你感知到花朵的濃郁香味，為了找出花圃，你一定是在周遭飛來飛去，向著味道最為濃烈的方向前進。這個方向就是「香味分子的濃度場」這種純量場的梯度向量方向。

使用數學式來表示它們之間的關係，則當向量場 $\vec{A}$ 為純量場 F 的梯度時，就寫作

$$\vec{A} = \text{grad}F$$

grad 唸作「gradient」。在代數運算中要得到 grad$F$，只要把三維空間所有點作下列計算即可：

$$(\text{grad}F)_x = \frac{\partial F}{\partial x} \qquad (\text{grad}F)_y = \frac{\partial F}{\partial y} \qquad (\text{grad}F)_z = \frac{\partial F}{\partial z}$$

「∂」是「偏微分符號」，當 F 為 $(x，y，z)$ 的函數時，$\dfrac{\partial F}{\partial x}$ 表示「請求出 F 在與 x 軸平行的方向上的變化率 $\dfrac{dF}{dx}$」（參照 87 頁）。用圖像來看，就是當我們想知道某一點的斜面有多斜時，只要調查「x 軸方向上的傾斜程度」與「y 軸方向上的傾斜程度」，將它們作向量相加，就可以知道坡道是向著哪個方向、有多麼陡峭了。

電磁學當中，在純量場「電位」V 與不隨時間變化的向量場「靜電場」$\vec{E}$ 之間存在著這種關係：

$$\vec{E} = -\text{grad}V$$

它的意思是「電場向量會向著電位較低的方向，電場的大小會等於電位的變化率」。

國家圖書館出版品預行編目資料

世界第一簡單電磁學 / 遠藤雅守作；謝仲其譯.
-- 初版. -- 新北市：世茂, 2013.06
面； 公分. --（科學視界；158）

ISBN 978-986-6097-90-4（平裝）

1.電磁學

338.1   102006042

科學視界 158

世界第一簡單電磁學

作　　　者／遠藤雅守
譯　　　者／謝仲其
主　　　編／簡玉芬
責任編輯／楊玉鳳
出 版 者／世茂出版有限公司
負 責 人／簡泰雄
地　　　址／（231）新北市新店區民生路 19 號 5 樓
電　　　話／（02）2218-3277
傳　　　真／（02）2218-3239（訂書專線）
　　　　　　（02）2218-7539
劃撥帳號／19911841
戶　　　名／世茂出版有限公司　單次郵購總金額未滿 500 元（含），請加 60 元掛號費
排版製版／辰皓國際出版製作有限公司
印　　　刷／傳興彩色印刷公司
初版一刷／2013 年 6 月
　　四刷／2021 年 3 月

ISBN／978-986-6097-90-4
定　　　價／300 元

Original Japanese edition
Manga de Wakaru Denjikigaku
By Masamori Endo and TREND-PRO
Copyright © 2011 by Masamori Endo and TREND-PRO
published by Ohmsha, Ltd.
This Chinese Language edition co-published by Ohmsha, Ltd. and Shy Mau Publishing Company
Copyright © 2013
All rights reserved.

讀 者 回 函 卡

感謝您購買本書，為了提供您更好的服務，歡迎填妥以下資料並寄回，我們將定期寄給您最新書訊、優惠通知及活動消息。當然您也可以E-mail：Service@coolbooks.com.tw，提供我們寶貴的建議。

您的資料（請以正楷填寫清楚）

購買書名：＿＿＿＿＿＿＿＿＿＿＿＿＿＿＿＿＿＿＿＿

姓名：＿＿＿＿＿＿＿＿　生日：＿＿＿＿年＿＿月＿＿日

性別：□男 □女　　E-mail：＿＿＿＿＿＿＿＿＿＿＿＿

住址：□□□＿＿＿＿縣市＿＿＿＿＿鄉鎮市區＿＿＿＿＿路街
　　　　＿＿＿段＿＿＿巷＿＿＿弄＿＿＿號＿＿＿樓

　　　聯絡電話：＿＿＿＿＿＿＿＿＿＿＿＿＿＿

職業：□傳播 □資訊 □商 □工 □軍公教 □學生 □其他：＿＿＿

學歷：□碩士以上 □大學 □專科 □高中 □國中以下

購買地點：□書店 □網路書店 □便利商店 □量販店 □其他：＿＿＿

購買此書原因：＿＿ ＿＿ ＿＿ ＿＿ ＿＿ ＿＿ （請按優先順序填寫）

1封面設計　2價格　3內容　4親友介紹　5廣告宣傳　6其他：＿＿＿

本書評價：＿＿ 封面設計 1非常滿意 2滿意 3普通 4應改進

　　　　　＿＿ 內　容 1非常滿意 2滿意 3普通 4應改進

　　　　　＿＿ 編　輯 1非常滿意 2滿意 3普通 4應改進

　　　　　＿＿ 校　對 1非常滿意 2滿意 3普通 4應改進

　　　　　＿＿ 定　價 1非常滿意 2滿意 3普通 4應改進

給我們的建議：＿＿＿＿＿＿＿＿＿＿＿＿＿＿＿＿＿＿＿＿

＿＿＿＿＿＿＿＿＿＿＿＿＿＿＿＿＿＿＿＿＿＿＿＿＿＿＿＿

＿＿＿＿＿＿＿＿＿＿＿＿＿＿＿＿＿＿＿＿＿＿＿＿＿＿＿＿

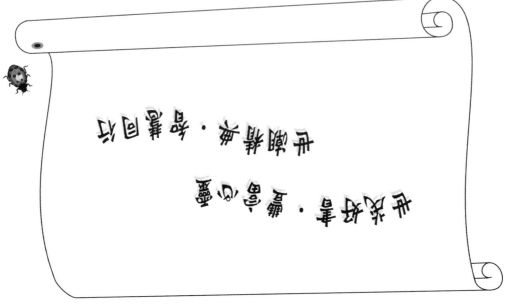

值得您典藏·永難回片
再三品味·富心靈

電話：(02) 22183277
傳真：(02) 22187539

廣告回函
北區郵政管理局登記證
北台字第９７０２號
免貼郵票

231新北市新店區民生路19號5樓

世茂
世潮 出版有限公司 收
智富